Science et bioéthique en Afrique

Cahiers épistémo-logiques

Travaux de logique, d'épistémologie
et d'histoire des sciences

Studies in Logic, Epistemology and History of Sciences

Cahiers épistémo-logiques sont une Revue scientifique à comité de lecture qui publie des travaux en Logique, en Epistémologie et en Histoire des Sciences. Elle accueille notamment des études traitant de la logique, de la philosophie et/ou de l'épistémologie de la logique, de la philosophie et/ou de l'épistémologie des mathématiques, de la philosophie et/ou de l'épistémologie de la physique, de la biologie, de l'éthique de la science, de la bioéthique, etc.

Revue publiée par le *Laboratoire de Logique, Epistémologie et Histoire des Sciences*
–Formation Doctorale de Philosophie–
Faculté des Lettres, Arts et Sciences Humaines
Université Marien Ngouabi
B. P. : 2642, Brazzaville
République du Congo

Sous la direction de
Ignace Ayenon YAPI
et **Marcel NGUIMBI**

Science et bioéthique en Afrique

CAHIERS
EPISTEMO-LOGIQUES
8 / 2019

L'Harmattan

5-7, rue de l'École-Polytechnique ; 75005 Paris

http://www.librairieharmattan.com

ISBN : 978-2-343-18943-7
EAN : 9782343189437

RDC) ; Mawusse Kpakpo Akue Adotevi, Université de Lomé, Togo ; Simon Komi Kouvon, Université de Lomé, Togo ; Mike Moukala Ndoumou (UOB, Libreville, Gabon), Gildas Nzokou (UOB, Libreville, Gabon/ULille-SHS, Lille, France) ; Simplice Kouassi Kouakou (UAO, Bouaké, Côte d'Ivoire) ; Bernadette Dango Adjoua, (UAO, Bouaké, Côte d'Ivoire/Université de Lille-SHS, France).

Remerciements

La Rédaction des *Cahiers épistémo-logiques* est reconnaissante et redevable à tous les contributeurs et à tous les évaluateurs anonymes qui se sont investis de tout cœur et de tout esprit à cette entreprise.

Avant-propos

Science et bioéthique en Afrique !

L'Afrique doit aujourd'hui répondre à de nombreux défis. Parmi ceux-ci, l'un des plus importants est sans conteste celui du développement. Or, il est incontestable que l'un des facteurs du développement et de l'émergence de l'Afrique réside dans sa capacité à s'approprier et à maîtriser les sciences et les technologies modernes. C'est pour cette raison que le problème du développement scientifique s'est posé de manière concomitante et consubstantielle avec celui du développement dès que la plupart des pays africains ont accédé à l'indépendance politique, au tournant des années 1960. La problématique au cœur de cette préoccupation a rapidement pris la forme d'une double interrogation sur les moyens que devraient se donner les Africains pour accéder au même niveau de savoir technoscientifique que les pays développés, et la manière de procéder, dans cette quête de développement, sans perdre son âme. Pour que l'accès au développement scientifique et technologique n'engendre pas pour les États africains, après leur dépendance politique, de nouveaux axes de dépendance vis-à-vis des pays industrialisés (scientifiques, technologiques, économiques, financiers, etc.), la plupart d'entre eux ont tenté de créer leur propre environnement scientifique, de former des élites savantes, de mettre l'éducation scientifique au premier plan de leurs préoccupations.

Mais, malgré d'importantes ressources investies dans les projets éducatifs et scientifiques, force est de reconnaître que, aujourd'hui encore, c'est-à-dire plus d'une cinquantaine d'années après les indépendances, la très grande majorité des pays africains se trouve loin du compte. Peu d'institutions scientifiques du continent soutiennent la concurrence avec leurs homologues européennes ou américaines, voire asiatiques. Aucune production ou découverte scientifique de premier plan, aucun prix Nobel dans les disciplines scientifiques, etc. L'Afrique a du mal à s'affirmer sur la scène scientifique mondiale.

Le retard de la recherche africaine est de nature à compromettre son développement endogène et intégral. Il urge de dresser sans complaisance l'état des lieux. Une étiologie pluridisciplinaire s'impose pour cerner, autant que faire se peut, les facteurs contrariants qui entravent le décollage scientifique du continent noir, et par conséquent son développement tout court.

Les pistes de réponses sont sans doute nombreuses. Des facteurs exogènes aux facteurs endogènes, des causes conjoncturelles aux causes structurelles, des conditionnements historiques aux contraintes liées aux croyances et aux cultures. On a même parfois sombré à la facilité du réductionnisme anthropologique, en tentant d'expliquer le retard des Africains, non par la culture mais par la nature : l'Africain ontologiquement inapte aux sciences, notamment aux sciences les plus fondamentales et les plus abstraites. Ce qui, bien entendu, est loin d'être confirmé par l'histoire et l'actualité des peuples ! Comme l'ont savamment montré les immenses travaux du Professeur Cheikh Anta Diop (*Nations nègres et culture*, 1954 ; *Antériorité des civilisations nègres : Mythe ou vérité historique*, 1967 ; *Civilisation ou Barbarie*, 1981).

Ce numéro spécial des *Cahiers épistémo-logiques* ouvre ses pages aux contributions, que nous avons souhaitées nombreuses, des philosophes, des historiens, des anthropologues, des économistes, bref des chercheurs de toutes spécialités, sur la question récurrente des *rapports polémiques de l'Afrique à la Science*. La résurgence de ce débat est opportune et se justifie par les nouveaux enjeux qui le portent.

En effet, si les relations de l'Afrique à la science occidentale peuvent paraître souvent contrariées par des pesanteurs culturelles, politiques, économiques, l'on ne doit pas aujourd'hui seulement réfléchir aux moyens et aux méthodes à déployer pour réaliser sur le continent les mêmes prouesses qu'ont réalisées, dans la maîtrise des sciences et des technologies, des nations qui étaient, il y a une cinquante d'années, à peu près au même niveau de développement scientifique que les pays africains : Chine, Inde, Corée du Sud, Malaisie, Indonésie, etc. Mais, en même temps qu'il faut « rattraper » ce retard, il faut aussi réfléchir à sa conditionnalité superstructurelle. Par exemple, si une incompatibilité structurelle sépare les cultures négro-africaines et occidentales, quelles doivent être les attitudes cathartiques qui convertiraient nos cultures à la science ? Les Africains devraient-ils renoncer à leurs savoirs ancestraux au profit des sciences dites modernes ? Si non, quel équilibre doivent-ils rechercher ? Quelle synthèse doivent-ils réaliser, qui puisse induire un développement viable ? Il y a davantage. La science moderne soulève, depuis de nombreuses années, de graves questions d'ordre axiologique.

En effet, si l'on peut être fasciné par les immenses progrès sociaux et économiques réalisés par l'humanité sous l'égide de la science occidentale, l'on est aussi en droit de se sentir interpellé par les nombreux échecs du modèle de civilisation qu'elle a induit avec ses menaces multiformes et permanentes sur la vie terrienne : dévastations de l'environnement, pollutions aux effets chimiques du développement, guerres mondiales dévastatrices, disparités sociales incommensurables, fractures technologiques, dérives eugéniques, et bien d'autres catastrophes plus ou moins dérivées des conquêtes scientifiques. La civilisation technoscientifique nous présente assurément un visage contrasté où, suivant l'expression d'Hubert Doucet, « les extraordinaires succès côtoient d'immenses échecs » (*L'éthique de la recherche*, 2002).

Le principal enjeu d'une appropriation de la science occidentale par les Africains est sans nul doute d'ordre éthique. En même temps qu'il faut penser le cadre normatif de l'inculturation de la science, il faut aussi songer à la définition du cadre éthique de l'émergence scientifique. La première raison en est que, même dans les pays développés, la question éthique est placée au cœur des enjeux scientifiques contemporains, singulièrement depuis que, dans la seconde moitié du XXe siècle, la science paraît avoir donné à l'homme des pouvoirs quasi démiurgiques, par une capacité inédite à modifier profondément le vivant. Les problèmes éthiques traditionnels de la science (déontologie médicale, éthique de la recherche, etc.) s'amplifient, avec l'essor des biotechnologies, d'une éthique propre à la créativité biotechnologique.

La bioéthique fut inventée pour réfléchir aux solutions les plus pertinentes à apporter aux défis éthiques de la créativité biotechnologique. La découverte de l'ADN (1953) et des pouvoirs auquel nous destine la maîtrise de l'ADN recombinant (1972) pose, en effet, d'une manière encore plus accrue que par le passé, la question de savoir jusqu'où la science ne peut pas aller plus loin dans la manipulation et la modification du vivant (I. A. Yapi, *Approche du vivant*, 2015). Certes, la pratique médicale est soumise, depuis les temps hippocratiques, à une réglementation déontologique et éthique, fondée sur le fameux principe *Prémium non nocere*. Mais, les allures créatives et manipulatrices des opérations biotechnologiques modernes ont considérablement élargi le spectre de l'éthique des biosciences. C'est cela qui a justifié l'invention de cette approche pluridisciplinaire appelée *Bioéthique*. Celle-ci, comme dit Gilbert Hottois, a pour objet d'étudier les questions éthiques posées par les « formes de la R&D (Recherche et Développement) dont l'accentuation technoscientifique est très forte et qui ont puissamment contribué à souligner le caractère radicalement expérimentaliste, mais aussi manipulatoire et interventionniste, actif, techniquement armé de la science contemporaine » (G. Hottois, *Le paradigme bioéthique*, 1990).

Les sociétés africaines peuvent-elles acquérir la science sans réfléchir par leurs canaux propres aux problèmes éthiques subséquents, tels que ceux que pose singulièrement la révolution moléculaire ? Il semble que l'éthique soit devenue un prolongement disciplinaire de l'épistémologie à mesure que les sciences deviennent technoscience, que l'expérimentation devient manipulatrice, que la nature est abusivement contrariée par la science, que la dignité humaine court constamment le risque d'être bafouée au nom de la science… Alors, partout où la science moderne s'implante, elle déclenche légitimement des interrogations d'ordre éthique. Il est, donc légitime, voire nécessaire d'associer dans un même objectif la réflexion épistémologique et la réflexion axiologique.

Il est, en ce sens, attendu que nos réflexions sur « Science et Bioéthique en Afrique » permettent d'identifier et de définir, de proche en proche, le cadre normatif et éthique de la science africaine. Tout diffère, en effet, entre les représentations traditionnelles africaines de la Vie, de l'Homme, de la Nature et celles qui portent les sciences modernes. Tout diffère aussi entre l'état et les conditions de la science en Afrique et dans les pays développés. La codification éthique des sciences en Afrique doit tenir compte de ce clivage matriciel (L. M. Poamé (dir.), *Promotion de la Bioéthique en Afrique*, 2008). Que signifierait, par exemple, cette notion sacro-sainte de la bioéthique, le « consentement libre et éclairé », dans une Afrique où la conscience d'être libre est loin d'être unanimement partagée, et où l'éclairage scientifique minimum semble manquer à la plupart des habitants majoritairement analphabètes au moins sur les questions touchant à la manipulation du vivant ? La problématique fondamentale, pour l'Afrique en quête de développement scientifique et technologique, n'est-elle pas, finalement, de définir les fondements épistémologiques et axiologiques d'un développement qui préserverait ses valeurs propres ?

Les contributions sur « Science et Bioéthique en Afrique » doivent être portées d'abord par les Africains eux-mêmes, car, « à l'évidence, c'est aux Africains de dire ce qu'il en est des attitudes culturelles, des problèmes politiques et surtout des choix éthiques liés à la diffusion somme toute hypothétique des dernières conquêtes de la biomédecine sur leur continent ; l'ethnologue blanc a d'autant moins à se constituer en éthicien de ses hôtes qu'il connaît leur détresse sanitaire quotidienne, l'incurie de leurs rares hôpitaux et dispensaires ruraux sans parler de la précarité générale de leurs conditions de vie qui rend quelque peu indécente toute spéculation au sujet de leurs réactions éventuelles à nos technologies de pointe », selon Andras Zempléni (« Corps blanc dans la famille noire : éthique et biomédecine en Afrique », in Claude Debru, *Bio-éthique et cultures*, 1991). Mais, au-delà de l'indécence, ne faut-il pas penser qu'une sorte d'incapacité frappe et limite nécessairement l'expertise exogène ? Le problème éthique des nations développées concernait la définition d'un cadre éthique de la Science pour que l'Homme en soit le bénéficiaire et non la victime. Celui de l'Afrique se double d'un souci de cohérence culturelle entre les exigences de l'émergence scientifique et notre cadre axiologique global.

Ce numéro spécial des *Cahiers épistémo-logiques* invite à proposer des contributions autour des axes non exclusifs suivants :

- Sciences et savoirs endogènes
- Science et développement
- Science et culture
- Pluralisme axiologique et universalisme éthique
- Science, politique, économie en Afrique

Ceci est suffisamment justifié par les contributions ici rassemblées.

Dans son article « La critique des ethnosciences chez Y. Akakpo : le tournant historiciste dans l'étude des sciences d'Afrique », ***Mawusse Kpakpo Akue Adotevi***, de l'Université de Lomé (Togo) rapporte le constat on ne peut plus alarmant de Yaovi Akakpo qui révèle que les travaux d'ethnosciences produits sont fortement redevables à l'ethnographie classique, et donc, au *Great Divide*, et l'exigence que formule Akakpo de changer de paradigme épistémologique pour l'étude des sciences d'Afrique. Le nouveau paradigme que propose Akakpo est, alors, celui de l'histoire des sciences dont les modes opératoires sont la redécouverte des lieux de savoir et l'ethnographie comparée. Ainsi, la marque du tournant historiciste consiste en une nouvelle critique du *Great Divide*, devant ouvrir au *Great Meeting*.

Tiasvi Yao Raoul Agbavon, de l'Université Alassane Ouattara de Bouaké, Côte d'Ivoire, produit les conditions déterministes de la nécessité de penser la bioéthique en Afrique. Car, estime-t-il, dans son étude « Le déterminisme de la bioéthique en Afrique : approches à partir de Claude Bernard », que, penser la bioéthique en Occident ne saurait satisfaire strictement aux mêmes exigences qu'en Afrique, du fait que les difficultés rencontrées dans ces espaces ne sont presque jamais assimilables. Il pointe, en toile de fond, un certain déterminisme, entendu au sens bernardien comme des conditions matérielles de production d'un phénomène, de la bioéthique.

Dans son article « Science et anarchisme dans les pays africains : épistémologie d'un développement mort-né », ***Stevens Gbaley Bernaud Brou***, de l'Université Alassane Ouattara de Bouaké, Côte d'Ivoire, constate que, le développement suscité par la techno-science est devenu un hommage à l'anarchisme dans les pays africains, qui, sous l'influence de leurs maîtres-colonisateurs, brillent par un amateurisme forcené dans l'application de la rationalité scientifique qui, dans le fond, ne permet nullement de donner des résultats endogènes et exogènes escomptés de la réalité. En ce sens, Brou prescrit une épistémologie de ce développement mort-né, pour une bonne analyse des questions ontologiques et endogènes en Afrique.

Pour un développement efficace de l'Afrique – et même du Monde entier –, ***Alexis Compaoré***, de l'Ecole Polytechnique de Yako, au Burkina Faso, plaide pour le principe déviance, qu'il place comme condition de possibilité nécessaire d'éclosion civilisationnelle, dans son article « Définition d'un cadre à l'émergence scientifique en Afrique : le principe déviance ». Ce principe consiste, tant soit peu, à pouvoir envisager une subtile reconsidération et une repensée des règles éthiques et/ou des comportements susceptibles d'entraver les avancées significatives de la tehno-science. Car, il s'agit de ne pas cautionner la misère où qu'elle se trouve et de revendiquer le partage du savoir en le faisant sortir d'où il se cache. Il ne sert à rien de chanter dans les églises et les mosquées, les temples et les cercles la solidarité, pense-t-il, pendant que l'on camoufle exagérément les connaissances aux populations qui croupissent de misère. L'émergence scientifique est peut-être moins un souci pour l'Afrique que pour les autres comme les Occidentaux. C'est un problème éthique, en Afrique.

« Citoyenneté et bioéthique en Afrique » est le cadre conjonctionnel nécessaire de définition de la citoyenneté, que dresse ***Kouadio Victorien Ekpo***, de l'Université Alassane Ouattara de Bouaké, Côte d'Ivoire. Cela tient de ce que, aujourd'hui, la citoyenneté en Afrique ne peut être envisagée de façon lucide en ignorant les technosciences qui génèrent des questions bioéthiques. Ekpo s'efforce, ainsi, de faire comprendre et s'approprier un ensemble d'évolutions technoscientifiques susceptibles de perturber la citoyenneté, en vue de recommander une articulation dynamique entre la bioéthique et la citoyenneté. Il permet, alors, d'affirmer que la coévolution de la bioéthique avec le droit devient un impératif pour une appropriation éclairée, lucide et constructive de la citoyenneté qui s'inscrit dans une dynamique métastable dans une Afrique en mutations qui fait corps avec l'univers socio-technicien.

Dans leur étude commune sur « Technoscience, risque transcendantal et éthique de l'espèce humaine », ***Komi Kouvon*** et ***Yaou Gagnon Ali***, de l'Université de Lomé, Togo, considèrent que, dans sa dynamique opératoire, la technoscience, se saisit de l'homme et le soumet à la transformation, à la manipulation et à un ensemble de mutations. Ce faisant, la technoscience comporte le risque transcendantal qui est la remise en cause des conditions transcendantales sans lesquelles l'homme ne peut plus continuer par s'appréhender et se comprendre comme un être libre, autonome et responsable. Les auteurs formulent, en conséquence, l'obligation de préserver les conditions transcendantales d'une vie humaine digne comme horizon de l'éthique de l'espèce humaine.

Dans « L'éthique kantienne à l'épreuve du débat sur la bioéthique : le cas de l'euthanasie », ***Rodrigue Makaya Makaya***, de l'Université Omar Bongo de Libreville, Gabon, veut montrer que, les fondements kantiens de l'éthique nous donnent de quoi comprendre que les questions d'ordre moral sont liées à la liberté, dans la mesure où la liberté, au sens positif, présuppose toujours l'autonomie de la volonté ; puisque l'autonomie est le fondement de la moralité et une manifestation de la liberté de l'homme comme être raisonnable. Ainsi ces fondements éthiques kantiens devraient-ils permettre au philosophe de réfléchir critiquement sur des questions de bioéthique (comme l'euthanasie), plutôt que de s'ériger en *moraliste*, là où la question ne requerrait avant tout qu'un *acte* médical.

Martin Fortuné Mukendji Mbandakulu, de l'Université Pédagogique Nationale de Kinshasa, République Démocratique du Congo, étudie le rapport de nécessité entre « Bioéthique et difficultés d'application des prouesses biotechnologiques en Afrique ». Il construit un texte en deux moments complémentaires dans lequel il montre la nécessité d'adjoindre la « science » à la « bioéthique », par le moyen de la « biomédecine », une discipline scientifique où l'on co-construit la biologie et la médecine. Puisque, affirme-t-il, lorsque l'on parle du progrès scientifique en face duquel se trouvent les exigences éthiques, il s'agit de la biologie et de la biomédecine. C'est donc surtout aux limites de l'éthique médicale qu'on a affaire. Les prouesses technologiques en biologie ont induit le progrès des technologies biomédicales. Par conséquent, c'est en termes, de "socio-éthique" plutôt qu'en celui de "bioéthique" qu'il convient mieux de les aborder.

Dans « Ecologie et société : vers une relation éthique entre l'homme et son environnement », ***Kouassi Clément N'Doua***, de l'Université Félix-Houphouët Boigny, Abidjan, Côte d'Ivoire, mène une étude au bout de laquelle il reconsidère les conditions d'un repenser des rapports entre l'homme et son environnement, pour une meilleure appréhension des contours environnementaux de la vie en société. L'auteur conclut qu'une telle forme de méditation est aussi une invite à l'homme d'avoir une culture environnementaliste, à savoir intégrer la nature comme une partie de lui-même. C'est ainsi que l'homme pourrait connaître un joyeux séjournement environnemental.

Les auteurs

La critique des ethnosciences chez Y. Akakpo : le tournant historiciste dans l'étude des sciences d'Afrique

Mawusse Kpakpo AKUE ADOTEVI
Maître de Conférences en Philosophie, Université de Lomé,
Togo akueadotevi@hotmail.fr / akueadotevi@gmail.com

Résumé

Ce texte explore la critique des ethnosciences chez Y. Akakpo, pour en saisir le sens et la portée. Car, pour Y. Akakpo, une lecture attentive des travaux d'ethnosciences révèle qu'ils sont fortement redevables à l'ethnographie classique, et donc au *Great Divide*. Sa critique des ethnosciences lui permet de changer de paradigme épistémologique pour l'étude des sciences d'Afrique. Le nouveau paradigme est alors celui de l'histoire des sciences dont les modes opératoires sont la redécouverte des lieux de savoir et l'ethnographie comparée. Dès lors, le sens de la critique des ethnosciences chez Y. Akakpo consiste dans le tournant historiciste dont la portée est une nouvelle critique du *Great Divide*.

Mots clés

Ethnographie comparée, ethnosciences, *Great Divide*, lieux de savoir, sciences d'Afrique, tournant historiciste.

Abstract

This text explores the criticism of ethnoscience by Y. Akakpo, to grasp its meaning and scope. For Y. Akakpo's careful reading of the ethnoscience works reveals that they are highly indebted to classical ethnography, and therefore to the Great Divide. His criticism of ethnoscience allows him to change the epistemological paradigm for the study of African sciences. The new paradigm is that of the history of sciences, whose modes of operation are the rediscovery of places of knowledge and comparative ethnography. Hence the sense of criticism of ethnoscience in Y. Akakpo consists in the historicist turn whose scope is a new critical look at the Great Divide.

Key-words

Comparative ethnography, african sciences, areas of knowledge, ethnoscience, Great Divide, historicist turn.

Introduction

Face au défi de la nécessité et de l'urgence de développement, l'étude des savoirs traditionnels d'Afrique apparaît, dans le grand domaine de ce qu'il est convenu d'appeler les *African studies* (études africaines), comme la voie optimale pour affranchir le continent africain de « la marginalisation de [ses] savoirs et savoir-faire anciens, [de] leur étiolement progressif, [de] leur appauvrissement, voire, dans les pires des cas, [de] leur disparition pure et simple, [de] leur refoulement hors du souvenir conscient des peuples » (P. Hountondji 1994, p. 11). Il s'agit de « démarginaliser » (*ibid.*), donc de sortir du *Great Divide*. C'est dans cette perspective que se situent les travaux d'ethnoscience, dont la configuration paradigmatique est celle de l'ethnographie classique, fortement marquée par le *Great Divide*. Toutefois, on note aujourd'hui la constitution d'un nouveau paradigme, celui de l'histoire des sciences d'Afrique. Et le sens et la portée de ce nouveau paradigme vient de la rupture épistémologique qu'il opère vis-à-vis des orientations méthodologiques de l'ethnographie classique, mais aussi et surtout des ethnosciences.

C'est dans le contexte de cette rupture qu'il importe de relever, pour l'efficience heuristique du nouveau paradigme, la particularité épistémologique des travaux de Y. Akakpo. En quoi consiste, alors, cette particularité épistémologique, qui permet de saisir le sens et la portée du nouveau paradigme ? L'analyse des textes de Y. Akakpo, en la matière, permet de retenir les deux points suivants : la critique des ethnosciences et, par voie de conséquence, la mise au jour de la démarche méthodologique qui convienne aux études d'histoire des sciences d'Afrique.

1. La critique des ethnosciences

La critique des ethnosciences chez Y. Akakpo se comprend à partir des réserves qu'il émet sur ce qu'il appelle « le passif épistémologique de l'ethnographie classique » (Y. Akakpo 2011, p.

704). Car, la question de la science en Afrique ou des sciences d'Afrique est tributaire des études ethnographiques/ethnologiques faites par les chercheurs occidentaux sur les sociétés africaines. Et, ces études ethnographiques s'inscrivent dans une démarche anthropologique qui, parce qu'elle est exogène aux sociétés africaines, est fortement marquée par le principe du *Great Divide* (le grand partage).

Issue des travaux de chercheurs comme Claude Lévi-Strauss et Lucien Lévy-Bruhl sur les sociétés autres, différentes des sociétés occidentales, l'idée du *Great Divide*, comme le fait remarquer L. I. Huisman (2011), n'a pas été développée comme une théorie systématique par un auteur. Cependant, elle fonctionne bien comme le postulat fondamental des études anthropologiques du XXe siècle sur les sociétés non occidentales. Quand L. Lévy-Bruhl parle de *Mentalité Primitive* (1922), il renvoie à une catégorisation de l'humanité en deux grands groupes : l'humanité supérieure et l'humanité inférieure. Il écrit précisément : « Parmi les différences qui séparent la mentalité des sociétés inférieures de la nôtre, il en est une qui a arrêté l'attention d'un grand nombre de ceux qui les ont observées dans les conditions les plus favorables, c'est-à-dire avant qu'elles eussent été modifiées par un contact prolongé avec les blancs. Ils ont constaté chez les primitifs une aversion décidée pour le raisonnement, pour ce que les logiciens appellent les opérations discursives de la pensée » (L. Lévy-Bruhl 1922, p. 9).

Les sociétés inférieures seraient, donc, celles à mentalité primitive, et les supérieures, celles qui connaissent les opérations discursives de la pensée. L'idée du *Great Divide* renvoie donc à celle de l'existence d'une démarcation entre l'humanité rationnelle, civilisée et évoluée, et l'humanité irrationnelle, primitive et sauvage. Démarcation dont le critère est l'opposition radicale affirmée, à tort bien sûr, entre écriture et oralité. Une telle opposition expliquerait donc la différence de mentalité entre les sociétés humaines. L'oralité serait ainsi caractéristique du mode de pensée primitif, et l'écriture, le propre de la pensée évoluée, rationnelle.

Cette compréhension du *Great Divide* comme opposition entre oralité et écriture, a surtout été revendiquée et divulguée par W. Ong, précisément dans *Orality and Literacy : The Technologizing of the Word* (1982). W. Ong y pose clairement qu'il y a une différence de mentalité entre les cultures orales et les cultures de l'écriture. Et, cette différence de mentalité détermine le rapport à la connaissance, à la science. Alors que les cultures formatées par l'écriture sont scientifiques et technologiquement développées (*High-Technology cultures*), les cultures orales, les « *Verbomotor cultures* » sont, selon W. Ong, plutôt non scientifiques, incapables de produire des connaissances abstraites, analytiques et objectives. Il retient, alors, comme caractéristiques des cultures orales, des traits qui attestent de leur formatage non scientifique : « *Additive* », « *Aggregative* », « *Redondant or copious* », « *conservative or traditionalist* », « *close to human lifeworld* », « *agonistically toned* », « *empathetic and participatory* », « *homeostatic* », « *situational* », « *oral memorization* », « *formulaic constitution of thougth* ».

Bien des travaux critiques ont, cependant, montré l'impertinence du *Great Divide*. R. Finnegan (1973), par exemple, relève justement la confusion ou le glissement conceptuel qui fonde le *Great Divide*. Cette confusion réside dans le passage subreptice de l'absence d'écriture à l'absence de littérature. Selon elle, ce qui configure et cristallise la pensée rationnelle, c'est la littérature ; et en tant que telle, elle s'observe dans toute société, qu'elle soit formatée ou non par l'écriture. W. Ong (1982, p. 12), pense toutefois que la position de R. Finnegan est irrecevable, car, la notion de « littérature orale » est, selon lui, indue. On ne saurait parler du cheval comme d'une automobile sans roue. Le cheval étant avant l'automobile, celle-ci ne peut être évoquée pour rendre compte de celui-là. De même, la notion de littérature orale renvoie à celle paradoxale d'« écriture orale », selon W. Ong.

Mais, l'on doit à Jack Goody (1976) une critique plus significative du *Great Divide* (M. K. Akue Adotevi, 2015). J. Goody considère, en effet, que ce « partage dichotomique généralisé entre sociétés primitives et sociétés civilisées » (1979, p. 245) ne traduit, en réalité, qu'une « taxinomie populaire » (1979, p. 85) qui n'est rien d'autre qu'une différentiation ethnocentriste des sociétés humaines. Selon lui, on doit dépasser cette dichotomie ethnocentriste et voir les différences entre les sociétés humaines dans le sens du progrès, en considérant leur rapport à l'écriture et à l'oralité. Plus précisément, les différences entre les sociétés humaines sont l'« l'effet de changements survenus dans les moyens de communication... » (J. Goody 1979, p. 246), l'effet du passage de l'oralité à l'écriture. Ainsi, chez J. Goody, l'écriture s'oppose à l'oralité. Mais, il ne s'agit pas d'une opposition ethnocentriste. C'est une opposition dans le sens de l'évolution ou du développement des sociétés. Une opposition qui peut bien s'observer au sein d'une même société.

Il faut, toutefois, noter que la critique du *Great Divide*, si elle vise à sortir des catégorisations ethnocentristes, ne conduit pas pour autant à la reconnaissance d'une pensée scientifique authentique chez les sociétés autres, dont les peuples d'Afrique noire. La critique du *Great Divide* n'a pas, chez les auteurs qui l'ont faite, corollaire de la revendication de l'idée d'une humanité homogène quant à la manifestation de la pensée scientifique. En réalité, l'idée sous-jacente à cette critique du *Great Divide* est qu'on ne saurait dénier, dans l'absolu, aux sociétés africaines, la science dans toutes ses formes. Autrement dit, on admet bien qu'il y a, dans les sociétés africaines, une certaine forme de pensée scientifique ; mais, on reconnaît tout de suite que cette forme de pensée scientifique ne possède pas les caractéristiques de la science occidentale. Car, pense-t-on, que l'on trouve des traces de la pensée scientifique dans une société donnée ne fait pas de cette société, *ipso facto*, une société à culture scientifique. Et, c'est cette position que R. Horton (1967, p. 155) traduit en ces termes : « What I take to be the key difference is a very simple one. It is that in traditional cultures there is no developed awareness of alternatives to the established body of theoretical tenets; whereas in scientifically oriented cultures, such an awareness is highly developed. It is this difference we refer to when we say that traditional cultures are "closed" and scientifically oriented cultures "open". [...] In other words, absence of any awareness of alternatives makes for an absolute acceptance of the established theoretical tenets, and removes any possibility of questioning them ».

Dès lors, la différence entre les sociétés humaines résiderait désormais dans le rapport conscient que chaque société entretient avec la science. Les sociétés occidentales, parce qu'elles ont une conscience hautement développée des possibles de la rationalité scientifique, sont des sociétés scientifiquement configurées. Elles sont des sociétés ouvertes. Par contre, les sociétés africaines sont considérées comme des sociétés à culture traditionnelle ; elles n'auraient pas su développer une conscience élevée des possibilités que la rationalité scientifique offre. Les principes théoriques qu'on y trouve seraient tout simplement des propositions dogmatiques, non soumises à la critique, caractéristique essentielle de la pensée scientifique. Elles seraient donc, en ce sens, des sociétés closes. Une telle position trouve sa justification dans les études ethnographiques, comme celle d'E. E. Evans-Pritchard (1976), considérée comme une référence en la matière. E. E. Evans-Pritchard (1976, p. 109) écrit, en effet, à propos des Azande de l'Afrique centrale, ce qui suit : "Azande do not consider what their world would be like without witch-doctors any more than we consider what it would be like without physicians. Since there is witchcraft there are naturally witch-doctors. [...] In this web of belief every strand depends upon every other strand, and Azande cannot get out of its meshes because this is the only world he knows. The web is not an external structure in which he is enclosed. It is the texture of his thought and he cannot think that his thought is wrong".

Cette description laisse aisément voir que les critiques du *Great Divide* n'aboutissent pas, en réalité, à une remise en cause systématique de la dichotomie ethnocentriste entre les sociétés occidentales et les sociétés autres. Au contraire, tout se passe comme si l'on est passé d'un *Great Divide* idéologiquement construit à un *Great Divide* "scientifiquement" affirmé, à partir de données ethnographiques. Ainsi, comme nous l'avons souligné plus haut, l'idée du *Great Divide* fonctionne bien comme le principe unificateur des travaux ethnographiques sur les sociétés autres, dont celles de l'Afrique. Et, c'est en référence à cette position qu'il importe de situer la nouveauté de la critique de Y. Akakpo.

Chez Y. Akakpo, la critique du *Great Divide* repose sur une lecture attentive des travaux d'ethnographie et d'ethnoscience. Selon lui, à y bien regarder, on découvre, dans les études ethnographiques, les présupposés d'un certain « bouleversement du Great Divide » (Y. Akakpo 2011, p. 700). Prenant à témoin l'étude de B. Malinowski sur *Les Argonautes du Pacifique occidental* (1989), il considère que, dans les travaux ethnographiques du XXe siècle, il y a une reconnaissance de la différenciation des fonctions dans les sociétés traditionnelles, malgré l'intérêt affiché pour les rites magico-religieux. Et, cela se remarque également dans les études faites sur les sociétés africaines. E. E. Evans-Pritchard note bien que, chez les Azande, l'initiation et la pratique des sorciers-guérisseurs (*Witch-doctors*) ne font aucunement économie de la connaissance des propriétés médicinales des plantes. Il note précisément que "The plants [...] are the better-known and more essential medicines, and most of them are taught to a novice shortly before or after his initiation ceremony. [...]
Badobo and Kamanga used to show me plants which are employed by witch-doctors when I was hunting with them in the bush, but I did not collect them for identification. I have only once been out with Badobo when he was showing Kamanga some of these plants, on which occasion he told him in a few words the purposes and names of a few plants" (E. E. Evans-Pritchard, 1976, pp. 98-99).

E. E. Evans-Pritchard a constaté la présence, chez les Azande, de la connaissance des propriétés médicinales des plantes, en étudiant leurs pratiques magico-religieuses. Et, il est resté sur le mode du constat, comme il le dit lui-même.

Selon Y. Akakpo, le bouleversement en question vient des constats du genre. Car, le fait qu'il y a, chez les indigènes, une différenciation des fonctions, a justifié, chez les chercheurs, l'idée de passer du simple constat à une étude plutôt programmée. Et, la notion d'ethnoscience et ses différentes déclinaisons (ethnomathématique, ethnomédecine, ethnobotanique, etc.) sont utilisées pour désigner cette nouvelle approche. Y. Akakpo y voit précisément un tournant épistémologique consistant, pour les études ethnographiques, à chercher et à extraire de la « pensée sauvage » une certaine forme de rationalité ou de pratique scientifique. Les ethnosciences visent donc à rendre compte de la science cachée dans les traditions et pratiques magico-religieuses des sociétés différentes des sociétés occidentales.

C'est dans cette perspective que Paulus Gerdès considère *l'Ethnomathématique comme nouveau domaine de recherche en Afrique*, en lui assignant comme objectif principal l'étude des mathématiques diffuses dans l'environnement socioculturel africain. P. Gerdès (2009, p. 14) définit, alors, l'ethnomathématique comme une « anthropologie culturelle des mathématiques et de l'enseignement des mathématiques ». En ce sens, ajoute-t-il, « puisque la plupart des traditions "mathématiques" (qui ont survécu à la colonisation) et des activités mathématiques de la vie courante [...] se trouvent "cachées", le premier objectif du Projet de recherche Ethnomathématique est de "découvrir" cette ethnomathématique "cachée" ». Ainsi, la démarche propre de l'ethnomathématique, et des ethnosciences en général, est celle de l'anthropologie culturelle, consistant en un travail d'exhumation de la science, de la « connaissance positive » enfouie dans les us et coutumes qui structurent l'espace-temps quotidien de la vie sociale en Afrique.

Certes, il y a là un changement qualitatif qui suggère un certain tournant épistémologique. Toutefois, ce tournant épistémologique comporte une faiblesse essentielle. Comme le fait remarquer Y. Akakpo (2011, p. 701) lui-même, « les ethnosciences ont fait l'option « d'un modèle explicatif qui reste redevable à l'ethnographie classique ». Elles se sont développées sur la base d'une triple dette vis-à-vis de l'ethnographie classique.

[…] les travaux d'ethnoscience cherchent la science sur les terrains empiriques habituels où l'ethnologie a rendez-vous avec les "sociétés différentes".
[…] les travaux d'ethnoscience n'ont donné aucun statut particulier à ces "connaissances positives".
[…] les travaux d'ethnoscience situent les savoirs indigènes dans le registre des éléments constitutifs de la différence culturelle et de l'identité de chaque "société exogène" » (Y. Akakpo 2011, pp. 701-703).

L'importance de cette triple dette justifie, chez Y. Akakpo, la critique des ethnosciences, notamment du passif épistémologique qu'elles ont hérité de l'ethnographie classique. Car, parce qu'elles sont fortement tributaires des études ethnographiques, les ethnosciences ont fait l'option d'une approche fondée sur deux présupposés épistémologiques que Y. Akakpo (2011, pp. 704-705) résume en ces termes : 1) « la connaissance dans les « sociétés indigènes » [consiste dans les] principes et lois sur lesquels semblent reposer les langues, les pratiques, les techniques ordinaires ou courantes » ; 2) « les connaissances positives [dans les sociétés indigènes, sont] des patrimoines culturels clos, voire momifiés, propres à des communautés tribales ou ethniques particulières ».

On peut aisément le remarquer, le premier présupposé est clairement affirmé chez P. Gerdès, puisqu'il considère que les mathématiques africaines gisent dans les jeux et pratiques courantes de la vie quotidienne. Assurément, il y a de l'ordre mathématique dans les pratiques courantes. Et, cela n'est pas un fait exclusif des sociétés africaines. Partout ailleurs, dans les sociétés occidentales, on peut noter l'ordre et les formes mathématiques dans les pratiques ordinaires. Mais, il serait plutôt étonnant de chercher les mathématiques occidentales dans ces pratiques ; plus étonnant encore de retenir que les mathématiciens occidentaux sont des personnes ordinaires : par exemple, les enfants qui jouent aux jeux mathématiques, ou des artisans dont le travail reflète des techniques et formes mathématiques. Comme le dit si bien Y. Akakpo (2011, p. 704), l'ordre et les formes mathématiques que l'on découvre dans l'environnement socioculturel africain « ne sont pas aveugles ». Ils sont, comme c'est le cas dans les sociétés occidentales, les produits du « transfert des connaissances savantes ». Ainsi, de même que les mathématiciens européens ne se rencontrent pas dans la rue, de même les mathématiciens africains ne peuvent être les personnes ou catégories de personnes ciblées par l'ethnomathématique.

Quant au second présupposé, il trouve, dans les textes de R. Horton et de E. E. Evans-Pritchard sus-cités, une parfaite illustration : les cultures traditionnelles d'Afrique étant des cultures closes, les connaissances qu'on y trouve en portent forcément la marque. Elles sont, donc, des connaissances acritiques. Il y a là, selon Y. Akakpo, une contradiction interne à la démarche des ethnosciences. Car, on ne saurait parler de connaissances positives, sans par le fait même admettre qu'elles sont nécessairement critiques. Il s'ensuit que les travaux d'ethnoscience, « en présentant les connaissances positives [des sociétés indigènes] comme si on pouvait les réduire aux éléments constitutifs d'une vision ethnique close du monde » (Y. Akakpo 2011, p. 705), laissent croire qu'il y aurait une forme de science dépourvue des attributs fondamentaux de la scientificité. Or, comme on peut le lire chez G. Canguilhem (2002, pp. 17-18), que Y. Akakpo cite d''ailleurs, la science est « un discours critique et progressif pour la détermination de ce qui, dans l'expérience doit être tenu pour réel ». Et, en tant que telle, elle est « un objet non donné là, un objet à qui l'inachèvement est essentiel ».

Ainsi, l'approche des ethnosciences, parce qu'elle est fortement redevable à l'ethnographie classique, ne permet pas de saisir l'inachèvement essentiel qui constitue les connaissances élaborées dans les sociétés africaines en savoirs scientifiques. Il importe, alors, selon Y. Akakpo, pour saisir la scientificité inhérente à ces connaissances, de « reconsidérer le champ et l'approche ».

2. Le tournant historiciste

Pour Y. Akakpo, reconsidérer le champ et l'approche, c'est faire l'option d'une nouvelle approche épistémologique : l'approche historiciste. La pertinence de l'approche historiciste vient non seulement du fait qu'elle permet d'échapper à l'empire du *Great Divide*, mais aussi et surtout d'éviter le paradoxe fondamental qui caractérise l'approche des ethnosciences. Un tel paradoxe consiste, comme nous l'avons dit, à parler de science tout en refusant de reconnaître à cette science les attributs essentiels de la scientificité. La science, avons-nous retenu, est un discours critique. Et, seule la perspective de l'histoire des sciences permet de rendre compte de son caractère essentiellement critique.

Contrairement à l'approche des ethnosciences, l'approche historiciste ne vise pas la simple exhumation des "connaissances positives cachées" dans les pratiques magico-religieuses ou ordinaires. Elle revendique comme présupposé fondamental que, si l'on admet qu'il y a chez les peuples primitifs (considérés comme un moment donné de l'histoire de toute société, qu'elle soit d'Occident ou d'ailleurs) la différenciation des fonctions, alors, l'on doit également reconnaître que cette différenciation des fonctions n'est pas aveugle (comme le dit si bien Y. Akakpo). Qu'est-ce à dire précisément ? Dans ses *Remarques sur le Rameau d'or de Frazer*, où il fait une critique plutôt acerbe des explications que Frazer donne de l'esprit primitif, L. Wittgenstein (1982, p. 25) fait une affirmation suffisamment éclairante quant à la juste représentation que l'on doit avoir de la différenciation des fonctions chez l'homme primitif : « L'éveil de l'intellect en effet s'effectue par une séparation d'avec le *sol* originaire, d'avec le fondement originel de la vie (La naissance du choix) ». La différenciation des fonctions chez le primitif n'est donc pas, comme le pense R. Horton, un acte inconscient, ou le fait d'un hasard. C'est un acte intellectuel libre. Un acte choisi, et donc motivé par des raisons purement intellectuelles, que le primitif distingue bien des motivations magico-religieuses. Car, dit Wittgenstein (1982, p. 16), « le même sauvage qui, apparemment pour tuer son ennemi, transperce l'image de celui-ci, construit sa hutte en bois de façon bien réelle et taille sa flèche selon les règles de l'art, et non en effigie ». Et, il ajoute (1982, p. 24) : « Je crois que ce qui caractérise l'homme primitif est qu'il n'agit pas d'après des *opinions* (à l'opposé, Frazer) ».

Les primitifs distinguent la connaissance non seulement de la magie, mais aussi de l'opinion. L'homme primitif n'est donc pas un esprit non scientifique. La conscience qu'il a de la différence des fonctions est telle que, même quand il met en avant les considérations ou croyances magico-religieuses, il le fait en veillant à ce qu'elles ne soient pas en contradiction avec ses connaissances positives. On pourrait dire que, chez le primitif, la magie est dominante, mais la science est essentielle ; sans la science, la magie perd la garantie de son efficacité. L. Wittgenstein (1982, pp. 24, 27) note bien cela à propos de la croyance au « roi de la pluie en Afrique » : « Je lis, parmi de nombreux exemples semblables, la description d'un roi de la pluie en Afrique, à qui les gens viennent demander la pluie lorsque vient la saison des pluies. Or cela veut dire qu'ils ne pensent pas réellement qu'il puisse faire de la pluie, ils le feraient, autrement, pendant la saison

sèche, durant laquelle le pays est « un désert aride et brûlé ». Car si l'on admet que les gens ont par sottise un jour institué cette fonction de roi de la pluie, ils ont déjà eu auparavant l'expérience du fait que la pluie commence en mars, et ils auraient fait fonctionner le roi de la pluie pour le reste de l'année.
[...] leur connaissance de la nature, s'ils la mettaient par écrit, ne se distinguerait pas *fondamentalement* de la nôtre. Seule leur *magie* est autre.
Dès lors, affirmer que les cultures ou sociétés primitives sont non scientifiques, c'est tout simplement faire preuve d'une méprise, consistant, sur la base d'arguments non scientifiques, sur la base d'opinions devrait-on dire, à juger le primitif à l'aune de l'état moderne, supposé anhistorique, de la science. Et dans le contexte des ethnosciences, cette méprise prend la forme d'un « péché originel contre l'historicité » dans la mesure où les connaissances enfouies dans le patrimoine culturel des sociétés indigènes y sont présentées comme originelles et inaltérées, soustraites à toute influence (Y. Akakpo 2013, p. 10).

Mais, la reconnaissance de l'inachèvement essentiel de la science permet de sortir de cette méprise et d'appréhender la science, quel que soit l'espace-temps culturel de sa manifestation, effectivement comme telle, à partir de l'histoire des sciences. En ce sens, « L'histoire des sciences, ce n'est pas le progrès des sciences renversé, c'est-à-dire la mise en perspective d'étapes dépassées dont la vérité d'aujourd'hui serait le point de fuite. Elle est un effort pour rechercher et faire comprendre dans quelle mesure des notions ou des attitudes ou des méthodes ont été, à leur époque, un dépassement et par conséquent en quoi le passé dépassé reste le passé d'une activité à laquelle il faut conserver le nom de scientifique (G. Canguilhem 2002, p. 14).

L'option préférentielle pour l'histoire des sciences exige donc, de la part du chercheur qui étudie les sciences d'Afrique, une conversion de regard, le refus de traiter les sciences d'Afrique comme des connaissances closes et anhistoriques. Cette conversion de regard s'impose donc comme la condition *sine qua non* de la saisie de l'historicité des sciences d'Afrique. Historicité qu'il importe de comprendre dans le sens de G. Canguilhem (2002, p. 17) : « l'historicité du discours scientifique [...] représente l'effectuation d'un projet intérieurement normé, mais traversé d'accidents, retardée ou détournée par des obstacles, interrompue de crises, c'est-à-dire de moments de jugement et de vérité ».

L'approche historiciste que prône Y. Akakpo s'inscrit bien dans cette compréhension de l'historicité. Car, cette approche voit l'historicité, non dans le « codage chronologique » qui, en raison de sa linéarité « dissimule une nature beaucoup plus complexe qu'on ne l'imagine » (C. Lévi-Strauss 1962, p. 342), mais, « dans la trame du parcours de l'évènement, la trajectoire dans laquelle l'événement prend sens » (Y. Akakpo 2018, p. 192). Ainsi, pour Y. Akakpo, l'historicité d'un événement, ce n'est pas son histoire. Certes, l'histoire garde toute sa pertinence épistémologique en procédant par dates. Mais, dès lors qu'il est question de saisir le procès sémiotique d'un événement, l'approche historiciste s'impose comme la plus appropriée. C'est pourquoi Y. Akakpo insiste : « l'historicité laisse voir qu'un évènement a une trajectoire, tout à la fois, discontinue et continue. Discontinue, parce qu'un évènement peut négocier sa singularité significative dans ce qui fait sa rupture avec son passé. Continue, parce que toute nouveauté se comprend aussi par rapport à un passé dans le temps et l'espace. Ce qui fait que l'historicité d'un évènement ne peut se lire dans une pure narration détaillée, qui n'a seul souci que de caser ses moments dans les compartiments du temps que sont l'heure, le jour, la semaine, le mois, l'année, le siècle, etc. » (*ibid.*).

Et, dans le cas précis de l'étude des sciences d'Afrique, l'approche historiciste repose, chez Y. Akakpo, au regard du passif épistémologique des ethnosciences, sur deux présupposés épistémologiques, nécessairement indissociables : la redécouverte des lieux de savoir et le changement de méthode. Redécouvrir les lieux de savoirs dans les sociétés africaines, c'est, pour Y Akakpo (2013, p. 11), changer de terrain de recherche. Car, les terrains de recherche des ethnosciences ne conviennent guère à l'approche historiciste. Comme nous l'avons relevé plus haut, l'approche historiciste ne saurait chercher, comme le fait P. Gerdès, les mathématiques d'Afrique dans les jeux et formes de la vie quotidienne de l'homme ordinaire. C'est pour cette raison que, selon Y. Akakpo, elle pose son objet de recherche comme différent de celui des ethnosciences. Et, l'appréhension de cet objet de recherche repose sur l'idée-force suivante. La science, dans toute société, et une activité réservée, ésotérique, qui se transmet seulement à des initiés, au travers d'un parcours initiatique. Y. Akakpo (2011, p. 705) cite utilement, dans ce sens, l'allégorie de *Kaïdara* (A. H. Bâ, 1987) qui présente le parcours initiatique au travers duquel le héros, Hammadi, parvient aux connaissances réservées du pays des nains. La science ne s'offre donc pas au premier venu. Elle présuppose un parcours élitiste au bout duquel ne parviennent que ceux qui, comme Hammadi, ont su faire preuve d'intelligence et d'esprit critique.

Ce caractère réservé de la science permet, alors, à l'approche historiciste de constituer son objet d'étude en accordant « une valeur historique au double visage de la figure de travailleur intellectuel dans le passé » (Y. Akakpo 2013, p. 13). En effet, l'intellectuel dans les sociétés traditionnelles est celui qui, au terme de son initiation, est reconnu comme étant un expert en magie, mais aussi en connaissances positives. Mais, ce niveau d'expertise est tel qu'il ne confond pas l'ordre de la magie avec l'ordre du savoir positif. C'est, par exemple, la figure du sorcier-guérisseur chez les Azande (E.E. Evans-Pritchard). Comme nous l'avons souligné plus haut, le sorcier-guérisseur ne confond jamais les deux ordres. Il a un sens très élevé de la différence des fonctions. Il ne proférera jamais des formules incantatoires là où il doit faire intervenir les propriétés médicinales des plantes. Y. Akakpo (2013, p. 11) dit justement que « ce double visage de la figure de l'intellectuel dans le passé n'est pas significatif de la confusion entre les divers ordres explicatifs du réel ». Il en résulte que l'approche historiciste, en accordant toute l'attention qu'il faut à cette figure de l'intellectuel, se soustrait à l'idée d'une science cachée ou enfouie dans le patrimoine culturel, magico-religieux des sociétés indigènes. Car, la présence de la démarcation entre l'ordre mystique et l'ordre positif chez l'intellectuel traditionnel atteste de son rapport critique au savoir scientifique dont il est le détenteur. De même, la reconnaissance sociale dont il jouit est révélatrice de la distance critique que l'intellectuel traditionnel observe, en toute conscience, vis-à-vis des connaissances approximatives, vagues et diffuses des jeux et pratiques ordinaires de la vie quotidienne. Ainsi, contrairement aux ethnosciences, l'histoire des sciences met le focus sur les savoirs réservés « dont le procès constitutif est l'œuvre exclusive d'élites, et qui, pour cette raison, [constituent son] terrain de recherche » (Y. Akakpo 2013, p. 14).

Avec l'approche historiciste donc, l'étude des sciences d'Afrique doit précisément mettre le focus sur les lieux ou se donne à voir « la dynamique des controverses intellectuelles » (Y. Akakpo 2013, p. 13). Autrement dit, quand l'histoire des sciences porte son intérêt sur les sociétés africaines (sur lesquelles travaillent également les ethnosciences), elle ne doit pas, selon Y. Akakpo (2013, p. 15) « perdre de vue les lieux où l'attitude critique se développe, les lieux où les élites intellectuelles et réseaux d'élites intellectuelles exercent, au moyen de l'écriture et/ou de l'oralité, la pensée érudite et critique ». Cette exigence de la redécouverte des lieux de savoir en Afrique justifie, chez Y. Akakpo, la nécessité d'un changement de méthode.

En réalité, la redécouverte des lieux de savoir révèle le poids irréductible de l'oralité dans la constitution et la transmission des savoirs traditionnels d'Afrique. Et, la fugacité ou le vagabondage sémantique qui caractérise l'oralité semble annihiler les prétentions de toute étude d'histoire des sciences d'Afrique. La menace de la temporalité impose, donc, à l'oralité un défi majeur, celui de l'archivage. Toutefois, selon Y. Akakpo (2018, p. 195), parce que l'historicité renvoie non seulement au temps, mais aussi à l'espace, « le problème de "l'oralité temporalité" [trouve] sa solution épistémologique dans la voie de *l'oralité spatialité* ». Il importe alors pour une histoire des sciences d'Afrique efficiente de disposer d'une méthode qui accorde une place de choix aux espaces-temps culturels (G. Gusdorf, 1966). Une telle méthode, pour Y. Akakpo (2018), doit être celle d'une « ethnographie comparée ». Car, dit-il (2018, p. 195), « les idées et les pratiques savantes, dans les sociétés de l'oralité également, loin de se réduire à leurs versions ethniques et closes, circulent dans des réseaux intellectuels, des espaces cognitifs non territoriaux de communication ».

Contrairement à l'ethnographie classique dont le présupposé épistémologique est celui selon lequel les savoirs traditionnels d'Afrique sont clos, l'ethnographie comparée part du principe qu'ils sont ouverts à la critique, à l'inachèvement essentiel qui les constitue en tant que connaissances positives. C'est pourquoi la démarche propre de l'ethnographie comparée consiste, dans une étude, à la fois synchronique et diachronique, visant à analyser les ressemblances et les dissemblances entre « les modèles ethniques de formules, de théories et d'interprétation, de recettes et de pratiques, d'idées afin d'y voir les identités partagées, les malentendus, les divergences et leurs sens » (Y. Akakpo 2018, 196). Pour illustrer cette position méthodologique, Y. Akakpo (2018, p. 195) évoque le cas de l'algèbre divinatoire *fa*. Il note précisément que : « En observant, par exemple, les itinéraires de bénéficiaires de consultation divinatoire fa, dans le golfe du Bénin, on peut voir qu'un savoir, dans les sociétés orales, n'est pas isolé dans son territoire tribal. C'est le cas lorsque, pour s'assurer de ce que demande un tracé mathématique d'un signe géomantique fa (désigné en éwé, du), il arrive qu'un *bokɔnɔ* éwé du Togo l'envoie à un *bokɔnɔ* fon du Bénin pour être interprété. Une cérémonie d'initiation au fa au Ghana peut être reçue d'un *bokɔnɔ* du Togo ou du Bénin. La réalité est que les pères du secret, lecteurs et interprètes des signes mathématiques *fa* constituent, au sud du Nigeria, du Bénin, du Togo et du Ghana, de véritables réseaux transfrontaliers. C'est dans l'espace de ces réseaux intellectuels transfrontaliers que la formation initiatique au fa se donne, qu'un savoir du *fa* peut chercher sa validité (se faire et se défendre) et peut faire l'objet de controverse ».

Il faut le noter, la pertinence de l'approche de l'ethnographie comparée réside dans le fait qu'elle permet de dépasser les données de l'expérience première et d'accéder à « l'intelligibilité d'arrière-plan », pour parler comme G. Gusdorf (1966, p. 205). Car, « le sens premier des phénomènes risque de n'être qu'un faux sens, borné au domaine de l'apparence. Conjuguée avec la première, la seconde vue peut avoir pour effet de reconstituer un ordre là où il ne paraissait y avoir que du hasard » (*ibid.*). Ainsi, l'accès à *l'intelligibilité d'arrière-plan*, c'est tout simplement la découverte de la rationalité sous-jacente à la diversité spatio-temporelle des pratiques savantes africaines.

La découverte de la rationalité sous-jacente aux divers modèles d'un savoir ne se comprend toutefois pas en termes de la saisie de l'unité d'un système. A propos du système mathématique *fa*, par exemple, W. Abimbola (1975), et à sa suite de D. Médégnon (2017), tout en en relevant le caractère interculturel, accordent un certain intérêt à la question de son unité. Plus précisément, D. Médégnon (2017, p. 13) reconnaît, certes, que les pratiques savantes « résultent sinon toujours, du moins le plus souvent, d'une synthèse dynamique d'emprunts divers ou, si l'on préfère, d'une création continue, ouverte et donc jamais achevée. [Et] le *fa* ne fait pas exception à la règle ». Mais, il pense, dans une perspective plutôt essentialiste, que la question de l'unité du système mérite d'être posée, et qu'elle se comprend, en réalité, comme celle de l'origine historique du *fa*. Dès lors, face à la difficulté de déterminer une telle origine, D. Médégnon (2017, p. 14) pose comme hypothèse explicative que « le contexte presque exclusivement oral dans lequel prend corps et s'exerce le *fa*, serait l'un des facteurs qui rendent difficile de déterminer au cœur des variantes connues, laquelle traduit la pratique originelle ». Cette hypothèse appelle deux remarques.

La première remarque est relative à la question de l'origine historique du système mathématique *fa*. Cette question rappelle bien la position d'A. Koyré (1966) sur l'origine grecque de la science. Or, c'est bien connu, des travaux d'histoire des sciences ont montré l'inexactitude de cette position en donnant des preuves de la manifestation de l'esprit scientifique dans des espaces-temps culturels plus anciens que la Grèce antique (par exemple, *Science since Babylon* de Derek J. de Solla Price, 1961). De plus, quand on considère la dynamique constitutive de la science, dans la perspective historiciste, on doit admettre qu'il n'y a jamais de science purifiée en un temps et en un lieu donnés. Par conséquent, il n'y a pas grand intérêt à se poser la question de l'origine historique et de l'unité du système *fa*.

La deuxième remarque, quant à elle, concerne la mise en cause de l'oralité comme facteur explicatif de la diversité des modèles *fa*. Que l'oralité explique et justifie la diversité des modèles *fa* est un argument défendable, à certaines conditions, devrait-on ajouter ; mais, un tel argument ne saurait expliquer la non-fixité du modèle originel. Car, en évoquant un tel argument, on souscrit, subrepticement, peut-être, à la thèse du *Great Divide* entre oralité et écriture. D. Médégnon (2017, p. 14) nous en donne la preuve quand il affirme qu'« en l'absence de textes écrits qui fixent les règles et les termes de la pratique orthodoxe, il est extrêmement difficile de se situer ».

Ces deux remarques autorisent de comprendre que la démarche épistémologique de D. Médégnon est moins historiciste qu'anthropologique. Elle est bien plus redevable à l'anthropologie des savoirs et, en ce sens, très proche ou plutôt assimilable à celle des ethnosciences. Mais, l'approche de l'ethnographie comparée, parce qu'elle est capable de « dire l'histoire des choses par les lieux des choses » (Y. Akakpo 2018, p. 198), découvre l'intelligibilité d'arrière-plan des savoirs traditionnels dans son inachèvement irréductible, non comme constituée, mais comme portant les marques des espaces-temps culturels qui la configurent comme telle.

Conclusion

Le sens et la portée du paradigme historiciste dans l'étude des sciences d'Afrique résident dans l'option faite par Y. Akakpo de changer de postulat épistémologique. Ce changement de postulat consiste à prendre le revers du *Great Divide*, et à partir donc de ce qu'on pourrait désigner par l'expression le *Great Meeting*. Plus précisément, Y. Akakpo pense qu'au lieu de partir de l'idée du grand partage, une étude épistémologique des sociétés africaines (et des sociétés longtemps considérées comme primitives) devrait poser comme point de départ heuristique l'idée qu'il y a « des rencontres intellectuelles significatives que l'histoire a ménagées et ménage » entre les sociétés ou cultures humaines (Y. Akakpo 2011, p. 707). La nouveauté de cette idée, c'est qu'elle change radicalement notre approche de l'étude des sciences d'Afrique. Elle nous engage, contrairement à l'approche des ethnosciences, non plus dans une démarche simplement anthropologique, mais, dans une perspective véritablement historiciste consistant à voir l'histoire des sciences comme « la prise de conscience de l'historicité humaine » (Gusdorf 1966, p. 59). La redécouverte des lieux de savoir et l'ethnographie comparée s'imposent, alors, selon Y. Akakpo, comme les modes opératoires de cette approche historiciste. L'intérêt de ces modes opératoires, c'est qu'ils offrent des arguments pertinents qui sous soustraient au passif épistémologique de l'ethnographie classique et donc nous délivrent, résolument devrait-on dire, de l'empire du *Great Divide*. Plus particulièrement, l'intérêt proprement épistémologique de l'approche de l'ethnographie comparée pour l'histoire des sciences, réside dans sa capacité à offrir une vision synoptique des pratiques et théories scientifiques. Autrement dit, l'ethnographie comparée ne limite pas son champ d'application aux cultures que l'on avait déclarées, à tort, comme non scientifiques. Elle étend son champ d'application à tous les espaces-temps culturels, qu'ils soient traditionnels ou modernes. Elle permet de comprendre les savoirs africains dans leurs rapports avec des modèles épistémiques d'autres aires culturelles.

Références bibliographiques

ABIMBOLA, Wande (1975), *Sixteen great poems of Ifa*, Niamey, Celhto.

AKAKPO, Yaovi (2011), « Pour une approche historique des sciences africaines », *Critique*, Tome LXVII-N° 771-772, *Philosopher en Afrique*, pp. 700-709.

AKAKPO, Yaovi (2013), « Lieux de savoir et sciences d'ailleurs », *Nunya. Philosophie, patrimoine scientifique et technique*, N° 1, pp. 3-16.

AKAKPO, Yaovi (2018), « Ethnographie comparée de pratiques savantes. Une approche d'histoire des savoirs de l'oralité en Afrique », *Cahiers François Viète*, série III, 4, pp. 179-199.

AKUE ADOTEVI, Mawusse K. (2015), « De l'archivage du sens : entre écriture et oralité », Les Cahiers du CELHTO, N° 001, pp. 121-138.

BÂ, A. H. (1994), *Kaïdara. Récit initiatique peul*, Abidjan, NEI.

CANGUILHEM, Georges (2002), « L'Objet de l'histoire des sciences », in *Études d'histoire et de philosophie des sciences*, Paris, Vrin, 7e édition, pp. 9-23.

EVANS-PRITCHARD, Edward Evan (1976), *Witchcraft, Oracles, and Magic among the Azande*, Oxford, Clarendon Press.

FINNEGAN, Ruth (1973), « Literacy versus Non-Literacy: The Great Divide? » in Finnegan R. and Horton R., *Modes of Thought. Essays on Thinking in Western and Non-Western Societies*, Oregon, Wipf and Stock Publishers, pp. 112-144.

GERDES, Paulus (2009), *L'EthnoMathématique en Afrique*, Maputo, CEMEC.

GOODY, Jack (1979), *La Raison graphique. La domestication de la pensée sauvage*, Paris, Minuit.

GUSDORF, Georges (1966), *Les sciences humaines et la pensée occidentale. I. De l'histoire des sciences à l'histoire de la pensée*, Paris, Payot.

HORTON, Robin (1967), « African Traditional Thought and Western Science », *African Journal of the International African Institute*, Vol. 37, N° 2, pp.155-187. Mis en ligne le 25/04/2012. URL: http://www.jstor.org/stable/1158253?origin=JSTOR-pdf

HOUNTONDJI, Paulin (dir), (1994), « Démarginaliser » in Paulin Hountondji (dir), *Les savoirs endogènes : pistes pour une recherche*, Dakar, Codesria, pp. 1-34.

HUISMAN, Leo I. (2011), *Beyond Orality and Literacy: reclaiming the sensorium for composition studies*, Dissertation for the degree Doctor of Philosophy, Muncie, Indiana Ball State University.

KI-ZERBO, Joseph (1972), « La Tradition orale en tant que source pour l'histoire africaine », in Diouldé Laya (éd.), *La Tradition orale. Problématique et méthodologie des sources de l'histoire africaine*, Niamey, Centre régional de documentation pour la tradition orale - Unesco, pp. 96-112.

LEVI-STRAUSS, Claude (1962), *La Pensée sauvage*, Paris, Plon.

LEVY-BRUHL, Lucien (1922), *La mentalité primitive*, Paris, PUF. Edition électronique réalisée en 2002. Disponible sur http://www.uqac.uquebec.ca/zone30/Classiques_des_sciences_sociales/index.html

MALINOWSKI, Bronislaw (1989), *Les argonautes du pacifique occidental*, Paris, Gallimard.

MEDEGNON, Désiré (2017), *Le fa, entre croyances et science. Pour une épistémologie des savoirs africains*, Bamenda, Langaa Research & Publishing CIG.

ONG, Walter (1982), *Orality and Literacy: The Technologizing of the Word,* London & New York, Routledge, Taylor and Francis Group. Edition de 2002.

WITTGENSTIN, Ludwig (1982), *Remarques sur le Rameau d'or de Frazer*, trad. J. Lacoste, Lausanne, L'Âge d'Homme.

Le déterminisme de la bioéthique en Afrique : approches à partir de Claude Bernard

Tiasvi Yao Raoul AGBAVON
Département de Philosophie
Université Alassane Ouattara, Bouaké, Côte d'Ivoire
E-mail : r_roulio@hotmail.com

Résumé

La bioéthique n'est pas une discipline comme les autres. Elle se situe au croisement de plusieurs réflexions, ce qui implique plusieurs disciplines. Outre cette pluridisciplinarité, le contexte spatio-temporel ne relève pas d'une fiction de l'esprit, mais d'une réalité axiologique qui n'est pas univoque à l'échelle planétaire. De la sorte, penser la bioéthique en Occident ne saurait satisfaire strictement aux mêmes exigences qu'en Afrique, vu que les difficultés rencontrées dans ces espaces ne sont presque jamais assimilables. Il point, en toile de fond, un certain déterminisme, entendu au sens bernardien comme des conditions matérielles de production d'un phénomène, de la bioéthique. Ainsi, l'objet de cette contribution est de mettre en évidence la complexité de la bioéthique par la nécessité d'une réflexion spatio-temporelle comme condition d'une telle discipline en Afrique.

Mots-clés

Afrique, axiologique, bioéthique, déterminisme, pluridisciplinarité, spatio-temporel

Abstract

The bioéthique one is not a discipline like the others. It is located at the crossing of several reflexions, which implies several disciplines. In addition to this multidisciplinarity, the spatiotemporal context does not concern a fiction of the spirit, but a axiologic reality which is not univocal on a planetary scale. This way, to think the bioéthique one in Occident could strictly satisfy the same requirements only in Africa, considering the difficulties encountered in these spaces are almost never assimilable. It not, in background, a certain determinism, understood with the direction bernardien like material conditions of production of a phenomenon, the bioéthique one. Thus, the purpose of this contribution is to in general highlight the unpleasing aspect of bioethic by the need for a spatiotemporal reflexion like deterministic condition of such a discipline, then in particular in Africa.

Key-words

Africa, axiologic, bioethic, determinism, multidisciplinarity, spatio-temporal.

Introduction

Les différents états généraux et les révisions des lois de la bioéthique[1] révèlent un dynamisme qui se joue à deux leviers, celui des questions auxquelles la discipline est confrontée, et celui des différentes formes de résolutions qu'elle doit adopter. Les approches de la bioéthique ne sont pas univoques, car elles sont plurielles et contextuelles. Au fond, il y a une sorte de controverse interne qui structure cette discipline et qui fait qu'elle n'échappe pas à toute forme de complexité. Cela s'exprime plus clairement dans l'idée des états généraux de la bioéthique, dont P. Verspieren (2012, p. 23) nous en fait le compte rendu suivant : « les états généraux de la bioéthique, conçus dans un esprit républicain, ont d'abord vocation à promouvoir la réflexion instruite et éclairée du plus grand nombre sur des questions qui engagent notre avenir commun. [...] Il s'agit avant tout, en effet, non seulement de permettre à chacun de s'instruire des progrès effectifs de la science, mais aussi d'en déterminer collectivement le sens ».

Déterminer un sens collectif de la bioéthique n'est pas donné, il va sans dire qu'une construction, mieux une co-construction est indispensable. De plus, comme l'a souligné Cleret de Langavant (2001, p. 29), « la bioéthique devient de plus en plus une préoccupation d'ordre public ». Il pourrait, à cet effet, être admis que la détermination d'un sens collectif de cette discipline obéit à un certain nombre de conditions

[1] De 1994 à 2019, dans l'espace francophone, les lois de la bioéthique n'ont cessé d'alimenter plusieurs débats autour des avancées biomédicales. De trois (03) lois adoptées en 1994, l'on est passé à neuf (09) lois en 2004. En 2011, c'est plus de trois (03) lois que l'on dénombre et en 2013, une loi est adoptée en vue de faire précéder d'un débat tout projet de réforme des lois bioéthiques. Au fond, les états généraux de la bioéthique, inaugurés en 2011, ont pour objet d'ouvrir les débats aux citoyens, afin que ceux-ci ne soient pas en marge des questions traitées par les experts, d'autant plus qu'ils sont concernés par l'avancée des recherches biomédicales.

plausibles. C'est en ce sens que la question d'un contexte adéquat pour penser la bioéthique se veut nécessaire. Autrement dit, la complexité de la bioéthique, impliquant de faire la part entre ce qui relève d'elle ou ce qui n'en relève pas, peut s'entrevoir aussi dans les conditions mêmes qui la rendent possible. À cet effet, la bioéthique peut-elle se défaire des conditions spatio-temporelles de son existence ?

Pour mener une réflexion sur ces conditions, l'un des aspects du déterminisme bernardien semble réunir des canons appropriés. Il s'agit de la conception du déterminisme comme conditions d'existence d'un phénomène. De plus, le « déterminisme suppose connaissance, jugement et détermination volontaire, liberté » (C. Bernard 1942, p. 145). Dès lors, peut-on, à bon droit, se permettre de penser la bioéthique au prisme du déterminisme bernardien ? L'objectif général de cette contribution est de montrer que la bioéthique est, en dépit de son profond attachement aux questions biomédicales liées aux progrès biotechnologiques, une réflexion qui obéit à un déterminisme. À partir de cet objectif, il s'agira d'identifier comment ce déterminisme se caractérise, afin d'en relever les implications dans le cheminement de la bioéthique en Afrique, tout en se fondant sur des approches historico-critique et analogique.

1. Le déterminisme bernardien comme condition spatio-temporelle d'un phénomène

Le concept de déterminisme chez Claude Bernard ne s'interprète pas comme il s'entend a priori. Georges Canguilhem (1991, p. 64) en donne l'indication suivante : « ce que Comte appelle, dans sa philosophie biologique, la doctrine des conditions d'existence, Claude Bernard l'appelle le déterminisme ». Il point, à cet effet, une interprétation du déterminisme au sens d'un « conditionalisme » (C. Bernard 1987, p. 265). À dire vrai, si le déterminisme nous renvoie d'emblée aux sciences de la nature, il n'en demeure pas moins qu'il ne reste pas prisonnier de ces dernières. Il revêt une particularité qui l'éloigne tant soit peu des différentes approches reçues des sciences physico-chimiques, bien qu'il en soit un analogue. Cette nécessité analogique entre ce principe dans les sciences physico-chimiques (sciences des corps bruts) et dans les sciences biologiques et médicales, Bernard ne manque pas de la reconnaître. Dans les *Principes de médecine expérimentale,* il souligne ceci : « dans les phénomènes de la vie, il y a un déterminisme aussi absolu que dans les phénomènes des corps bruts » (C. Bernard, 1987, p. 264). Sans contexte, il faut noter que la symétrie, établie par Bernard entre ce principe dans les sciences des corps bruts et dans les sciences du vivant, repose sur la légitimité d'une approche rationnelle des phénomènes dans ces différents domaines.

La particularité de Claude Bernard tient au fait qu'il ait réussi à introduire un principe des sciences de la nature dans les sciences du vivant avec tous ses corollaires. Toutefois, cette opération implique tant de complexités qui s'évaluent à l'aune de la méthode expérimentale qu'il considère comme un moyen pour connaître le déterminisme des phénomènes. Il l'affirme en ces termes : « la méthode expérimentale a pour but de trouver le déterminisme ou la cause prochaine des phénomènes de la nature » (C. Bernard 1878, p. 78). Ce qui se perçoit, à l'analyse de ces dires, c'est l'idée d'une temporalité conditionnelle du phénomène, non pas d'une manière éphémère, mais comme une structuration de celui-ci. La cause prochaine, identifiée comme synonyme du déterminisme renvoie, ici, à une manifestation phénoménale dans le temps. Mais, les phénomènes ne se produisant pas en dehors d'un espace, il faut en déduire une condition spatio-temporelle qui permet leur appréhension.

Dans les sciences de la nature, appréhender les phénomènes dans un contexte spatio-temporel semble plus aisé que dans les sciences du vivant. Cela est dû à la complexité des phénomènes de la vie. Le projet de Claude Bernard, tout en se fondant sur le progrès des sciences physico-chimiques de son époque, le XIXe siècle en l'occurrence, est d'ériger une médecine scientifique. Ainsi, pour réussir ce projet, il est nécessaire d'avoir recours à un contexte adéquat. Pour que la médecine soit une science au même titre que les sciences des corps bruts, elle doit avoir une connaissance assez précise de son objet. Pourtant, la précision cognitive de l'objet de la médecine, par la méthode expérimentale, s'appuie sur la détermination des conditions qui structurent la manifestation des phénomènes à étudier. Dès lors, autour du déterminisme, se développent, chez Claude Bernard, plusieurs concepts connexes en vue de permettre l'existence d'une médecine scientifique ou médecine expérimentale. À cet effet, le concept de milieu intérieur[2] ouvre les perspectives d'une analogie méthodologique entre sciences

---

2 Selon le concept de milieu intérieur, ce qui fait penser que les corps vivants échappent aux lois physico-chimiques se trouve dans la régulation interne de ceux-ci. Les corps vivants, en plus d'être soumis aux facteurs externes, obéissent à une structuration interne qui légitime leur autonomie vis-à-vis des forces physiques qui déterminent profondément les corps bruts ou inanimés.

physico-chimiques et médecine par le truchement de la physiologie expérimentale.

Selon Claude Bernard (1966, p. 205), « la physiologie doit être la base de la médecine scientifique ». Elle en est une condition sine qua non de la scientificité de la médecine. En faisant de la physiologie la base de la médecine scientifique, c'est tout un complexe méthodologique, conceptuel et structurel qui est élaboré. Pas de médecine scientifique sans physiologie ; pas de physiologie expérimentale sans méthode expérimentale ; pas de méthode expérimentale si l'on n'est pas à la recherche du déterminisme des phénomènes biologiques ou leurs conditions d'existence. Au fond, le déterminisme des phénomènes est ce que veut atteindre le médecin scientifique, tout en se posant la question dès le début de son cheminement heuristique. De facto, ce qui est posé en premier ressort devient le ferment de toute une recherche structurée qui devrait aboutir à la résolution de la question, redevenant en dernier ressort les conditions mêmes du processus de contrôle de cette résolution.

S'il faut considérer que « le déterminisme fixe les conditions des phénomènes » (C. Bernard 1878, p. 397), il faut reconnaître que c'est en tant que principe structurant ces phénomènes, dont les conditions d'apparition sont aussi leurs déterminismes. La dynamique bernardienne du concept de déterminisme et l'heuristique du déterminisme des phénomènes est telle qu'il incombe de restituer les divers sens qui peuvent prêter à controverses. À en croire Jean Gayon (2011, p. 120), chez Claude Bernard, il faut entendre par déterminisme «"cause prochaine", "cause efficiente réelle", "cause déterminante", "conditions d'existence"». C'est surtout sur le dernier sens que cette réflexion se polarise. Car, en voulant s'appesantir sur une définition assez rigide du concept, toute sa fécondité pourrait être perdue de vue. Ici, bien au faîte des débats autour du déterminisme avec les interprétations de la mécanique quantique[3], ce qui semble fructueux demeure l'idée de conditions d'existence.

---

3 La découverte du quantum élémentaire, en 1900 par Max Planck, marque un tournant décisif dans l'histoire des sciences de la nature. Cette découverte a induit, plus tard avec l'approfondissement des recherches à l'échelle de l'infiniment petit, les idées d'incertitude et de désordre dans l'approche des phénomènes. Avec les interprétations quantiques de Werner Heisenberg qui consolident son principe d'incertitude, l'idée d'un déterminisme est mise à mal dans les sciences de la nature, ce qui ne laisse pas indifférents les autres champs de réflexions.

D'une manière ou d'une autre, il point une exigence méthodologique dans l'approche ou l'appréhension des phénomènes. À n'en point douter, le concept du déterminisme, pris dans un sens étroit, ne permet pas, à bon escient, de résoudre les difficultés liées à la cognition. Mais, il permet de réfléchir sur les conditions d'apparitions des phénomènes. En ce sens, les conditions spatio-temporelles d'un phénomène peuvent être mises en évidence dans toute approche cognitive. À cet effet, dans le déterminisme bernardien, il peut être débusqué un sens de conditions spatio-temporelles des phénomènes, si tant est que ceux-ci se produisent dans l'espace et dans le temps. Ainsi, procédant par voie d'analogie, à considérer la bioéthique comme une discipline, issue d'un phénomène relatif à l'expansion des technologies biomédicales, il semble qu'elle ne saurait se défier des conditions spatio-temporelles qui légitiment son existence. Il va sans dire que la question afférente à la spatio-temporalité de cette discipline ne saurait être reléguée au rang d'une futile activité réflexive.

2. *La bioéthique : une discipline soumise aux rets de la spatio-temporalité ?*

Selon André Comte-Sponville (2013, p. 128), la bioéthique se définit comme « l'éthique appliquée non certes au vivant (ce serait l'éthique même) mais aux problèmes que nous posent les progrès des sciences et techniques de la vie et de la santé ». Cette définition, qui se donne assez simplement, met en exergue le lien nécessaire qui sous-tend la bioéthique et les progrès vertigineux des sciences biotechnologiques et biomédicales. Quelques premières préoccupations de la bioéthique s'articulaient autour des « questions concernant les interventions sur la nature, par exemple la question de savoir jusqu'où les sciences biomédicales devraient aller pour manipuler la nature humaine et pour conquérir la maladie » (G. Cleret de Langavant 2001, p. 26). Toutes ces préoccupations, quoi qu'il en soit, tirent leur origine du pouvoir croissant des technosciences biomédicales et des possibilités que ce pouvoir ouvre. Pourtant, la bioéthique, en elle-même, même si les définitions et différentes approches convergent sur la valeur cardinale de la vie, elle n'est pas exempte de quelques opacités descriptives.

Selon Guy Durand (2005, p. 10), « on peut dire que la bioéthique ne peut être décrite de manière abstraite ni ramenée à un simple savoir ; il s'agit d'un mouvement socioculturel, un happening social, culturel autant qu'intellectuel ». La bioéthique est, à cet effet, une discipline complexe qui ne saurait s'apprécier d'une manière assez simpliste. Outre qu'elle émane d'un mouvement intellectuel, elle est rattachée à un mouvement socioculturel. Il va sans dire que toutes les réflexions bioéthiques ne sauraient se départir des approches sociales et culturelles. Dès lors, « comme tout phénomène social ou courant d'idées, son apparition et son développement sont liés à une quantité d'éléments et de facteurs. Certains auteurs résument la situation en disant que la bioéthique est un phénomène culturel issu d'une double révolution : sociale et biotechnologique » (G. Durand 2005 p. 17). À n'en point douter, l'aspect social constitue une dimension non moins importante de la bioéthique. Cet aspect laisse libre cours à une approche spatio-temporelle, si tant est que ce qui se rapporte au social n'échappe pas aux conditions de l'espace et du temps. Il convient de le noter, elle « n'est plus réservée à des experts, encore moins aux experts d'une discipline, elle constitue un enjeu public, démocratique. Elle appelle des choix de société » (*ibid.*, p. 70).

La mobilisation de plusieurs disciplines est une exigence de la bioéthique. Celle-ci ne peut être l'apanage d'une seule discipline, d'une réflexion unilatérale. Les questions que se pose la bioéthique ne peuvent pas provenir des seuls scientifiques. Elles impliquent aussi bien ces derniers que la société en toutes ses composantes. En effet, « la bioéthique devient un champ d'intérêt pour toutes les disciplines. Chacun a son mot à dire, son apport à faire valoir » (*ibid.*, p. 58). La réflexion plurielle, étant requise, « les administrateurs et les économistes, en particulier, [et toutes les couches sociales] sont invités au débat » (*ibid.*,), vu qu'il s'agit de l'humanité tout entière. À tort ou à raison, Guy Durand (*ibid.*, p. 14) fait la remarque suivante : « La bioéthique concerne tous les professionnels, intervenants et usagers du monde de la santé et de la maladie : médecins, infirmières, pharmaciens, chercheurs, travailleurs sociaux, psychologues, administrateurs, bénévoles, proches et malades. Elle intéresse même tous les citoyens, puisqu'elle implique l'avenir de l'humanité. Elle n'est donc pas réservée à des spécialistes ».

Toutefois, le fait que la bioéthique concerne tous les citoyens renvoie à la plausibilité d'une approche mosaïque, tant soit peu, empreinte de divergences selon des contraintes spatio-temporelles.

À en croire le *Rapport de synthèse* du Comité consultatif national d'éthique (France) sur les états généraux de la bioéthique (2018, p. 7), « la France a été pionnière en matière de législation dans le domaine de la bioéthique, de la loi de 1988 à sa dernière révision en 2011 ». Cela dénote la caractéristique spatiale de la bioéthique en ce qui concerne la législation. Ce qui ressort de cette assertion, en notes introductives, du CCNE[4], peut s'apprécier en termes de temporalité de la loi bioéthique de 1988 qui fut révisée en 2011. Cette révision ne s'entend forcément pas comme un abandon total des différentes résolutions prises, au cours de l'année 1988, face aux questions soulevées par les progrès technoscientifiques et biomédicaux. Elle réévalue à nouveaux frais ces résolutions déjà adoptées et évalue les avancées nouvelles des technosciences biomédicales. C'est ce qui se révèle par l'adoption des différentes lois qui ont évolué depuis 1994 jusqu'aux récentes questions relatives, par exemple, à l'assistance médicale à la procréation (AMP) ou la procréation médicalement assistée (PMA) au cœur des états généraux de la bioéthique de 2019 en France.

Si les lois relatives à la bioéthique nécessitent de constantes révisions et réévaluations, c'est en raison de cette évidence : « comme la chimie, les sciences biologiques et médicales ont acquis le pouvoir de modifier, voire de "créer" leur objet » (I. Yapi 2015, p. 193). Ce pouvoir ne cesse de croître, ce qui suscite autant de craintes que d'espoirs. Les perspectives ouvertes sont plurivalentes à telle enseigne qu'il point la nécessité d'une réflexion plurielle circonstanciée et circonstancielle. À y voir de près, ce qui semble être la question fondamentale demeure en rapport avec la réception de l'ouverture de telles perspectives, à savoir la possibilité des sciences biologiques et médicales, de pouvoir modifier, voire créer leur objet. Il faut noter qu'« au milieu des années 1960, les controverses soulevées par l'expérimentation sur les êtres humains ont stimulé les discussions sur l'éthique médicale » (G. Clairet de Langavant 2001, p. 24). Déjà les inquiétudes afférentes à ces pratiques suscitaient tant de polémiques. Celles-ci se poursuivent encore dans la réception de l'assistance à la procréation médicale qui nécessite la prise en compte de plusieurs facteurs conjoncturels, tant juridique que sociopolitique.

En France, en ce qui concerne l'accès à l'AMP, « dans la loi de 2004, il était prévu que les couples non mariés devaient apporter la preuve d'une vie commune d'au moins deux ans, condition difficilement vérifiable par les médecins et, de toute façon, d'habitude respectée vu la longueur des procédures biomédicales. Cette clause

---

4 CCNE : Comité consultatif national d'éthique. Il a été créé en France en 1983 et publie régulièrement des avis sur les questions de bioéthique.

disparaît de la loi de 2011 » (P. Verspieren, 2012, p. 15). Cet exemple, qui illustre bien l'évolution des clauses liées aux lois bioéthiques, révèle l'impact de l'aspect social dans l'élaboration des lois bioéthiques. Les débats n'excluant pas le grand public, en France par exemple, il va sans dire qu'ils assignent à la bioéthique, en un certain sens, un contexte spatio-temporel. Pas de révision de lois si les canons de la société ne ploient pas sous le poids de pratiques révolutionnaires. Il y aura nécessairement révision, restructuration de lois, lorsque les questions soulevées par ces pratiques n'auront pas une approche unanime dans la société bénéficiaire. D'ailleurs, la remarque de Verspieren (2012, p. 19) présente le contexte de l'élaboration de la loi de 2011 en ces termes : « malgré ses imperfections, la "loi relative à la bioéthique" du 7 juillet 2011 est le fruit d'une intense mobilisation d'institutions diverses et de nombreux citoyens, dont la réussite est liée au caractère exceptionnel de la démarche alors entreprise, et à la qualité et au savoir-faire de certaines personnalités qui l'ont pilotée avec doigté. Il serait présomptueux de penser que ces conditions puissent être toutes réunies à intervalles réguliers ».

Vu que les questions bioéthiques appellent constamment une révision des positions et des lois, ce qui n'indique pas que cette révision doit se faire hâtivement, il peut être entrevu que la bioéthique est soumise à un déterminisme spatio-temporel, entendu comme un ensemble de conditions liées à l'espace et au temps, voire à une société particulière et à l'évolution de ses appréhensions culturelles et normatives.

3. *Le déterminisme de la bioéthique en Afrique : pour une approche spatio-temporelle*

« L'un des principaux objectifs du travail de l'UNESCO en matière d'éthique a été l'élaboration de standards normatifs internationaux » (H. Ten Have et M. S. Jean 2009, p. 17). Pourtant, cette tâche nécessite que l'on doive « toujours vérifier si le bon équilibre a été trouvé entre les valeurs humaines universelles et la différence culturelle » (*ibid.*, p. 47). C'est dire que les différences culturelles, traduites dans la diversité culturelle, ne sauraient être ignorées dans toutes les approches bioéthiques. Qui plus est, les conditions spatio-temporelles ne sauraient être ignorées pour élaborer des réflexions bioéthiques. Certes, il convient de penser l'universalité, mais, les particularités ne peuvent être ignorées. Comme l'a si bien exprimé

Nicole-Alice Sindzingre (1991, p. 187), « les valeurs morales de l'Occident, historiquement "judéo-chrétiennes" pour le dire sommairement, ne sont donc pas justifiées à se considérer comme une aune de mesure supérieure, plus valide, à l'égard des autres ». Là se trouve le nœud gordien de la bioéthique. Elle ne déroge pas aux exigences axiologiques qui en sont une condition nécessaire, elles-mêmes afférentes à un contexte spatio-temporel.

L'universalité des questions bioéthiques est patente. Elle ne relève pas d'un programme utopiste, mais plutôt d'une approche qui concerne tous les êtres humains dans leurs diversités, aussi bien culturelles qu'au niveau du développement de leurs sociétés variées. Au fond, comme le remarque si bien Charles Wola Bangala dans la préface de l'ouvrage de Julien Phanzu Nyimi (2019, p. 9) : « si les problématiques soulevées et traitées par la bioéthique concernent certes tous les êtres humains, il faut aussi reconnaître que tous les humains ne sont pas concernés de la même manière ». Il va sans dire que la bioéthique ne saurait être appréhendée de la même manière dans toutes les sociétés. Autrement dit, toutes les sociétés ne sont pas concernées de la même manière par la bioéthique. Le contexte africain est bien plus particulier, car « beaucoup de questions soulevées dans le cadre de la bioéthique ne se posent pas dans le vécu quotidien des Africains » (*ibid.*). À n'en point douter, l'aspect spatial comme condition déterminante des questions bioéthiques s'entend. Vu que certaines questions soulevées par la bioéthique ne se posent pas dans l'espace africain, cette dernière ne saurait observer une trajectoire absolument similaire à celle de l'espace français par exemple.

Un aspect des plus saillants à prendre en compte dans toute approche bioéthique en Afrique est celui afférent à la fracture du développement entre pays du Nord (pays développés) et pays du Sud (pays en voie de développement ou sous-développés). Les différences sont telles qu'elles ne peuvent être dissimulées aisément. « Ce sont ces disparités dans le développement technologique des sociétés qui fait toute la différence, de sorte que certains problèmes de bioéthique qui se posent dans les pays du Nord apparaissent comme des fictions ou carrément comme des distractions scientifiques ou sociétales pour beaucoup d'habitants du Sud. C'est le cas des problématiques comme la procréation médicalement assistée ou l'euthanasie, pour ne citer que ces deux exemples » (C. Bowa Bangala, in J. Nyimi, 2019, p. 9).

Si tel est le cas, il incombe de penser la bioéthique dans un contexte purement africain, tout en tenant compte des réalités spatio-temporelles. Selon Gilbert Hottois (2012, p. 24) : « la bioéthique est introduite pour répondre aux inquiétudes légitimes concernant l'avenir de l'humanité en jetant un pont entre les deux cultures, en dénonçant leur dangereuse ignorance réciproque ainsi que le clivage entre faits et valeurs. Reconnaître qu'on ne peut séparer l'action individuelle et collective appuyée sur des valeurs et des normes d'une part, et la connaissance des lois et des faits scientifiquement établis qui éclairent les conditions et les conséquences effectives de l'action, d'autre part, est au cœur de la solution à apporter au problème des deux cultures et à ses effets dévastateurs ».

Ce qui est intéressant pour ce travail, dans cette approche de Gilbert Hottois, est en lien avec l'importance du lien entre actions individuelle et collective qui repose sur des valeurs et des normes, dont il faut en tenir compte dans toute réflexion bioéthique. Pourtant, les valeurs et les normes n'obéissent absolument pas au critère d'universalité d'un espace à l'autre. Il y a nécessité, certes, d'aborder des questions de bioéthique dans toutes les sociétés, mais il est encore essentiel de ne pas les aborder de la manière dans toutes les sociétés.

En France, par exemple, « en ce qui concerne l'AMP, le CCNE et le Conseil d'État ont distingué celle de nature palliative considérée comme de nature thérapeutique et celle dite "sociétale" portant sur l'accès à l'AMP des femmes seules ou des couples de femmes homosexuelles » (D. Thouvenin 2019, p. 67). Ce qui peut sembler évident, ici, a trait à la distinction entre l'aspect thérapeutique et l'aspect social d'une technique médicale suscitant tant de controverses. À la vérité, une telle distinction soulève la problématique des bénéficiaires de la technique et les fins de celle-ci. Cependant, à l'analyse, une telle distinction peut ne pas être reçue comme telle dans un autre espace, notamment africain, où l'assistance médicale à la procréation ne saurait être l'objet d'une appréhension dichotomique. Il serait presque impossible de séparer l'aspect sociétal de la thérapeutique en ce qui concerne l'AMP dans un contexte africain, car la problématique des couples homosexuels ne se pose pas de la même manière que dans les pays du Nord.

Il convient de noter que « dans les pays du Sud, beaucoup de traitements, considérés comme « standards » dans les pays du Nord, restent en fait indisponibles, pour des raisons le plus souvent économiques mais aussi organisationnelles (les structures de soins sont inadaptées à leur mise en œuvre dans des conditions satisfaisantes) ou même culturelles » (F. Gros 2006, p. 110). Cet état de fait montre avec clarté que les dissemblances entre les espaces des pays développés et des pays africains ne sauraient être anodines dans l'appréhension de certaines questions relatives à ces espaces. Y aurait-il, à cet effet, impossibilité de penser une bioéthique visant l'universel ? Il semble que la question devrait être posée autrement. Plutôt que de feindre les particularités spatiales, il importe de penser les conditions d'une spatio-temporalité de la bioéthique. Dès lors, « il peut donc apparaître légitime, dans l'intérêt même des populations, de rechercher de nouveaux procédés thérapeutiques (ou préventifs, ou diagnostiques) utilisables dans les conditions locales, plutôt que de se borner à constater l'impossibilité durable de diffuser des procédés devenus les "standards" des pays du Nord » (F. Gros 2006, p. 110). Il point, dès lors, une nécessité de contextualisation.

Comme l'a si bien perçu Claude Bernard dans l'approche des phénomènes des corps vivants au même titre que ceux des corps bruts, ce n'était pas qu'il ne pouvait y avoir de recours aux méthodes des sciences des secondes par les premières, mais il fallait penser les conditions de possibilité et d'applications de ces méthodes. Le déterminisme des phénomènes biologiques s'appréhende à partir d'un ensemble de conditions propre à la matière vivante, même si elle suit le modèle, non aveuglement, des sciences de la nature. Au fond, « il n'y a que les conditions ou le déterminisme des phénomènes à trouver » (C. Bernard 1966, p. 261). Partant, il ne serait pas assez prétentieux d'affirmer qu'il n'y a que les conditions ou le déterminisme de la bioéthique en Afrique à trouver. La bioéthique en Afrique, bien sûr, mais en en décelant un déterminisme rigoureux, tout en se démarquant des standards occidentaux, pour l'élaborer à l'africaine. Car, il faut remarquer avec Anne Fagot-Largeault (2015, p. 540) ceci : « D'un pays à l'autre, les lignes politiques varient. En dépit des efforts de Bruxelles, aucun consensus européen n'a pu être dégagé sur les principes éthiques encadrant la procréation médicalement assistée, sur son versant recherche comme sur le versant des soins. Il arrive donc qu'il suffise de traverser la frontière pour obtenir du voisin ce qui est interdit chez soi : financement d'un projet de recherche audacieux, diagnostic préimplantatoire, fécondation in vitro, gestation pour autrui. Où est la morale ? Ici elle résulte d'un débat parlementaire, là d'une consultation citoyenne ».

Du moment où l'approche des questions bioéthiques est sous-tendue par une spatio-temporalité en ce qui concerne les pays développés, combien cela ne serait-il pas valable en contexte africain ?

L'approche spatio-temporelle s'avère en Afrique et ne constitue en rien un frein à l'universalité de bioéthique. Car, il faut aborder les questions bioéthiques « en tenant compte de leurs dimensions sociale, juridique et environnementale » (M. Stanton-Jean 2012, p. 15) qui en sont les conditions non moins importantes.

Conclusion

Que retenir d'une réflexion sur le déterminisme de la bioéthique en Afrique ? Si « le 19 octobre 2005, lors de sa 33e session, la conférence générale de l'UNESCO a adopté la Déclaration Universelle sur la bioéthique et les droits de l'homme » (*ibid.*), c'est bien dans l'optique de « fournir un cadre de travail qui pourra inspirer les États lors de la mise en place de leurs politiques, lois, lignes de bonne pratique et codes d'éthique » (Idem). Toutefois, il faut souligner avec Julien Phanzu Nyimi (2019, p. 13) ceci : « La bioéthique est une discipline née à la fin du siècle dernier. Il faut avouer qu'elle n'est pas encore bien connue sous nos latitudes africaines. En effet, les questions qui l'occupent et la préoccupent se posent le plus dans les pays "les plus développés" où la science, en tant que forme de connaissance aujourd'hui la mieux assurée et au nom de la liberté scientifique, est en mesure de manipuler la vie comme elle l'entend ».

De ce fait, la dissimilitude entre pays développés et pays africains amène à appréhender la bioéthique en contexte africain en tenant comme de sa réalité propre. L'idée n'est pas de créer une bioéthique africaine absolument, mais plutôt de penser les conditions, voire le déterminisme de la bioéthique en tenant compte des réalités africaines. Car, « les Africains tiennent à rappeler au monde que, la vie étant une valeur sacrée, la bioéthique doit rester une discipline au service de la promotion et de la protection de la vie ; elle ne devra jamais être une éthique contre la vie » (J. Nyimi 2019, p. 11). En tout état de cause, le déterminisme de la bioéthique en Afrique doit être recherché en Afrique même, sans pour autant rejeter du revers de la main l'expérience des pays développés.

Références bibliographiques

BERNARD, Claude (1878), *La science expérimentale,* Paris, Baillière.

BERNARD, Claude (1878), *Leçons sur les phénomènes de la vie communs aux animaux et aux végétaux*, Tome 1, Paris, Baillière.

BERNARD, Claude (1942), *Le cahier rouge,* Paris, Gallimard.
BERNARD, Claude (1966), *Introduction à l'étude de la médecine expérimentale,* Paris, Garnier-Flammarion.
BERNARD, Claude (1987), *Principes de médecine expérimentale,* Paris, PUF.
CANGUILHEM, Georges (1991), *Le normal et le pathologique,* Paris, Vrin.
CLERET DE LANGAVANT, Ghislaine (2001), *Bioéthique. Méthode et complexité,* Québec, Presses de l'Université du Québec.
COMITE CONSULTATIF NATIONAL D'ETHIQUE (CCNE), (2018), *Rapport de synthèse,* Paris, EDP Sciences.
COMTE-SPONVILLE, André (2013), *Dictionnaire philosophique,* Paris, Quadrige, PUF.
DURAND, Guy (2005), *Introduction à la bioéthique : Histoire, concepts et outils,* Québec, Les Éditions Fides.
FAGOT-LARGEAULT, Anne (2015), « Le devenir de la bioéthique », in *Compte rendus de la biologie,* N° 338, Paris, Elsevier, pp. 534-542.
GAYON, Jean (2011), « Déterminisme génétique, déterminisme bernardien, déterminisme laplacien », in Jean-Jacques KUPIEC et al. (dir.), *Le hasard au cœur de la cellule*, Paris, Éditions Matériologiques, pp. 115-129.
GROS, François (dir.) (2006), *Sciences et pays en développement : Afrique subsaharienne francophone,* Paris, EDP Sciences.
HOTTOIS, Gilbert (2012), « Définir la Bioéthique : retour aux sources », in *Revue internationale de francophone d'éthique et de bioéthique (RIFEB),* Vol. 1, N° 1, pp. 19-45.
NYIMI, Julien Phanzu (2019), *La bioéthique, un paradigme de la nouvelle éthique,* Paris, L'Harmattan.
SINDZINGRE, Nicole-Alice (1991), « Vérité en deçà des pyrénées… », in Françoise BRISSET-VIGNEAU (dir.), *Le défi bioéthique,* Paris, Série Mutations, N° 120, pp. 184-192.
STANTON-JEAN, Michèle (2012), « Regard sur la Déclaration universelle sur la bioéthique et les droits de l'homme », in *Revue internationale de francophone d'éthique et de bioéthique (RIFEB),* Vol. 1, N° 1, pp. 15-18.
TEN HAVE, Henk et STANTON-JEAN, Michèle (2009), *UNESCO : La déclaration universelle sur la bioéthique et les Droits de l'Homme. Histoire, principes et application,* Paris, UNESCO.

THOUVENIN, Dominique (2019), « Les lois françaises de bioéthique. Leur construction, leurs évolutions », in *Médecine / Sciences,* N° 1, Vol. 35, pp. 63-68.
VERSPIEREN, Patrick (2012), « Une loi périodiquement révisable ? La « loi relative à la bioéthique » du 7 juillet 2011 », in *Laennec,* N° 3, Tome 60, pp. 7-23.
YAPI, Ayénon Ignace (2015), *Approches du vivant. Études d'épistémologie biologique,* Paris, L'Harmattan.

Science et anarchisme dans les pays africains : épistémologie d'un développement mort-né

Stevens Gbaley Bernaud BROU
Maître de Conférences en Philosophie
Université Alassane Ouattara (Bouaké-Côte d'Ivoire)
Stevens.brou@yahoo.fr

Résumé

Dans leur quête novatrice d'un développement, les pays africains, sous l'influence de leurs maîtres-colonisateurs, après les indépendances, ont eu recours à plusieurs méthodes au nombre desquelles on peut citer les sciences et la technique. S'appuyant sur la techno-science, presque tous les projets ont été possibles et probables. Mais, dans l'effectivité, l'application de la rationalité scientifique n'a pas donné les résultats endogènes et exogènes escomptés de la réalité. Le développement suscité par la techno-science est devenu un hommage à l'anarchisme. Que d'amateurisme dans l'application de la rationalité scientifique ! En ce sens, une épistémologie de ce développement mort-né est nécessaire pour une bonne analyse des questions ontologiques et endogènes. De ce développement anarchique peut-on tirer un succès ? L'Afrique est-elle en mal de développement ? Y a-t-il une méthode propre à l'Afrique dans le système de développement de la science et de la technique ? Ces problèmes posent simplement l'usage et le bon fonctionnement de l'économie des pays africains. L'Afrique est-elle devenue, de nos jours, un continent d'essais et de méthodes ? Et pourtant, ces méthodes sont sans méthodes tant leur utilisation pose problème, en témoigne leur détournement, leur re-modélisation et leur dépendance à l'autorité. Le mal-développement est-il consubstantiel à l'Afrique ?

Mots clés

Afrique, anarchisme, développement scientifique, économie, endogène, mort-né, technique.

Abstract

In their search, of a development, innovative, the African countries, under the influence of their Master-colonizers, after independences, had recourse to several methods. With the numbers of those one can quote sciences and technology. Being based on techno-science almost all the projects were possible and probable. But in the effectivity, the application of scientific rationality did not give the endogenous and exogenic results of reality. The development caused by techno-science became a homage to anarchism. That of amateurism in the application of scientific rationality. In this direction, an epistemology of this development still-born child is necessary for a good analysis of the ontological and endogenous questions. This anarchistic development can one draw a success from them? Africa is it in evil of development? There is a clean method in Africa in the system development of science and technology? These problems pose simply the use and the correct operation of the economy of the African countries. Africa it became, nowadays, a continent of tests and methods? And, however these methods are without methods so much their use poses problem of which their diversion, their Re-modeling and their dependence with the authority. The badly-development in Africa is consubstantial?

Key-words

Africa, anarchism, development scientific, economy, endogenous, still-born child, technic.

Introduction

La science sous-tend le progrès depuis sa création. Au XVIIe siècle, la rationalité scientifique a donné aux hommes, selon René Descartes, la capacité nécessaire de se « rendre comme maître et possesseur de la nature » (R. Descartes 2000, p. 99). Il s'amorce, dès lors, pour l'humanité entière et pour les pays africains, un espoir de développement prodigieux et englobant. On assiste, à partir de cet instant, à une mutation et à une transformation au sein des sociétés. L'humanité est émerveillée par ce progrès. Dès cet instant, toutes les civilisations vont connaître un progrès remarquable. Le progrès scientifique implique une marche en avant, c'est-à-dire vers un idéal de perfection. Grace à la maîtrise de la science, le développement social est visible et la nature n'a plus de secret. Ce qui légitime ce progrès, c'est le génie de l'homme et son aspiration à ne pas se contenter du déjà-là. Il appartient à la science, dans son évolution, de donner satisfaction à l'humanité.

Cependant, les pays africains nés de la colonisation, rendent problématique la notion de progrès scientifique. Ces sociétés africaines, par-delà leur dimension économique, connaissent de nombreux problèmes de valeurs et de matériels. En effet, la science qui devait sous-tendre le progrès est maladroitement et immoralement utilisée. Ce qui, de façon fondamentale, devait profiter à l'Africain se retourne contre lui. Dans cette perceptive, on remarque une liquidation insidieuse de ce qui devait constituer le développement. Pour ainsi dire, le développement pour l'Africain se transforme en un anarchisme et une re-construction qui est, en quelque sorte, une dilapidation de richesse. Véritablement, à quelle condition peut-on parler de progrès scientifique ? Autrement dit, le progrès scientifique a-t-il une autre signification en Afrique ? Le désordre et l'anarchisme ne sont-ils pas défavorables à un progrès humainement envisageable ?

Par la présente réflexion, nous essayerons, en partant des objectifs de la science, de faire une épistémologie du développement africain. Nous partirons de la genèse du développement et des résultats obtenus par les pays africains. Cette analyse que nous voulons critique, permettra de mettre en exergue la cacophonie qui est devenue consubstantielle au développement scientifique des pays africains.

1. L'introduction de la science : une expérience mort-née

La science vise un objectif noble. Depuis son invention, elle aide l'homme à surmonter et à vaincre un certain nombre de difficultés liées à l'existence humaine. Elle est le prolongement de l'intelligence humaine. C'est pourquoi, pour Gaston Bachelard, « la science est l'esthétique de l'intelligence » (G. Bachelard 2000, p. 10). Autrement dit, la science travaille de sorte que l'intelligence rende les choses belles. Dans ce sens, le langage scientifique embellit le progrès, qu'il soit théorique ou expérimental. La notion de science et celle de développement sont une même démarche qui, bien coordonnée, ressuscite les voies insondables, puisque, « le principal objectif de la science n'est pas d'atteindre des degrés de probabilités élevées mais de créer une régularité qui explique le déroulement des phénomènes » (K. Popper 1982, p. 97). La science établit, donc, un programme vivant et nécessaire pour le développement. Une société sans science est une société mort-née.

Pour décrire la société africaine, il est nécessaire de confronter la pensée scientifique aux réalités africaines. L'Africain, à ne pas douter, aime l'immédiat. Or, la science suppose une représentation nouvelle du fait. La science ne calque pas le fait, mais donne une représentation en rupture avec les représentations naturelles et antérieures. L'analyse du fait permet de désappointer la nature et de comprendre son fonctionnement. Ainsi développé, le but de la science ne coïncide pas avec la mentalité africaine. Faisant partie de la nature, l'Africain veut intégrer la science comme un élément de la nature. Pour décrire la nature, l'homme africain renvoie tout le raisonnement à lui-même. Il ne cherche pas à poser une hypothèse ni à déduire. Ce qui l'intéresse c'est de prolonger son instinct naturel. Or, une question épistémologique vise deux objectifs : la procédure scientifique elle-même et le fait. L'interrogation sur le développement de l'Afrique, que nous essayons de mettre en relief, n'est pas à une remise en cause de la procédure scientifique, mais plutôt, une mauvaise utilisation de la science. A vrai dire, la science ne vise pas l'essence des choses, mais l'Africain étant foncièrement plongé dans l'obscurantisme, cherche l'essence des choses. Il cherche à atteindre un degré de probabilité élevé, et pourtant, il manque d'assise. Il cherche plutôt encore un contenu normatif, mais sans base. Dans ce cas, aucun phénomène ne peut-être expliqué par l'expérience. On peut retenir, en ce sens que, la science en Afrique n'est pas encore née ; même si elle est née, elle est mort-née.

L'Africain s'est préoccupé, depuis longtemps, avec persistance, d'obtenir quelques compréhensions des évènements extraordinaires, divers souvent énigmatiques et parfois menaçants. Au lieu de faire appel à la rationalité scientifique, il fait plutôt appel aux mythes. Comme en témoignent les mythes sur le mouvement des corps, de la vie, de la mort, de la succession des jours et des nuits, du changement des saisons, de l'existence du monde, du soleil et de la pluie, même du tonnerre et de l'éclaire, « certaines de ces idées explicatives reposent sur des conceptions anthropomorphiques des forces de la nature, d'autres évoquent des puissances ou des agents cachés, d'autres encore font appel aux desseins inscrutables de Dieu ou destin » (C. Hempel,1972, p. 74). Cette assertion témoigne bien de l'imprécision de l'anti-rationalité, de l'anti-scientisme de la conception de l'homme africain dans la succession des évènements.

Les concepts et les lois, qui expliquent la nature, varient d'une société à une autre. De cette façon, l'unicité de la science, sans que l'Africain ne le sache, est menacée : « Je crois pour ma part, qu'il y a au moins un problème scientifique qui légitime tous les hommes qui pensent (…), c'est le problème de la cosmologie » (K. Popper 1993, p.

19). De ces interprétations diverses, l'Africain ne sait pas ce qu'il interroge. Chez lui, le sentiment d'avoir une compréhension de la nature est vague. Il demeure sans cesse dans l'embarras. Ce qui devait répondre à ses inquiétudes est devenu une inquiétude pour lui-même. Les conceptions de l'Africain ne sont pas encore conformes au but de la science. La science qui, après tout, a pour tâche de produire une « conception du monde qui s'appuie, de façon claire sur l'expérience et qui puisse donc être soumise à tous les tests objectifs » (K. Popper 1993, p. 19). Autrement dit, les explications scientifiques doivent satisfaire à la condition explicative de la nature. Ce qui n'est pas le cas chez l'Africain pour qui, il n'y a pas de savoir précis ni certain, tout est probable, approximatif et mouvant. Ce qui implique une naissance qui est une non-naissance de la science. La vérité intuitive est supérieure à la vérité analytique et démonstrative. L'Africain ignore la double finalité de la science qui se résume de manière que, d'une part, elle est utile pour soulager, d'autre part, elle est moralement désirable, car elle nous donne la sagesse de comprendre le monde. Dans la re-construction de l'espace africain, le langage scientifique est un vocabulaire difficilement accessible à l'Africain. Le langage scientifique doit respecter, d'abord, une condition d'intersubjectivité et d'universalité. Or, le monde africain est un monde clos. La société africaine n'est pas une société ouverte comme Karl Popper l'écrivait dans *La société ouverte et ses ennemies. Tome 1,* en substance, « En revanche, si l'on considère notre respect pour l'éthique de la science comme un aspect du scientisme, alors, certes, nous sommes tous deux coupables. La révolte contre les sciences et leur éthique n'est qu'une forme de la révolte contre la raison et, si elle finissait par l'emporter, nous serions en grand danger d'être submergés par les flots » (K. Popper 1979, pp. 11-12) cette révolte de la raison s'est transformée en une non rationalité en Afrique. Et pourtant, toute science est, d'ailleurs, une connaissance certaine et universelle. L'espace africain est donc un espace qui exclut la science. La richesse de la science dans toutes ses formes est une rationalité exclue aux Africains. De cette façon, toute science enfantée, toute rationalité naissante est déjà mort-née. La science ne fascine pas l'Africain. Pour lui, la science est une réalité comme toute autre. Où la science a droit de cité chez les Africains, où la science est probable, c'est son influence sur la nature. La science prend, alors, cette définition : « le but de la science peut se caractériser par deux mots, prévoir et agir ». Mais, là encore, il y a problème. Que peut-on prévoir si l'on ne maîtrise pas le fonctionnement des phénomènes naturels ? Si la science a permis à l'Occident une certaine maîtrise de la nature et de l'homme, l'affirmer, chez l'homme africain, nécessite quelques réserves. La présence de la rationalité scientifique, quoique mort-née, existe bel et bien. On retrouve ses traces dans certains domaines du savoir grâce aux découvertes calquées sur l'Occident. La science connaît, dans les pays africains, quelques progrès qui, bien qu'insignifiants, méritent cependant, une analyse.

2. *L'anarchisme utilitaire de la rationalité scientifique en Afrique : du doute au doute*

Le progrès scientifique est le nom donné au développement scientifique. Le progrès est indissociable à la marche de la société. Il permet, à tout égard, à l'homme d'embellir son environnement. Dans les grandes civilisations, le progrès était intimement lié à la religion. Mais, il a pris une tournure nouvelle à partir du XVIIe siècle, lorsque le savant Galilée a été jugé pour hérésie en raison de ses positions sur l'héliocentrisme (1633). À partir de cet instant, une nouvelle ère commence pour la science. Ainsi, René Descartes, en 1637, dans son ouvrage, *Discours de la méthode,* sous-titré, *Pour bien conduire sa raison et rechercher la vérité dans les sciences,* note : « Au lieu de cette philosophie spéculative, qu'on enseigne dans les écoles, on peut trouver une pratique, par laquelle connaissant la force et l'action du feu, de l'eau, de l'air, des astres, des cieux et de tous les autres corps qui nous environnent (…) nous les pourrions employer à tous les usages auxquels ils sont propres » (R. Descartes 2000, pp. 98-99). Avec les nouvelles connaissances, devrait s'ouvrir pour l'Africain une nouvelle voie de progrès. Cet accroissement, en principe, augmenterait le savoir de l'homme africain sur la nature. Dans la revue *L'avenir de la science,* Ernest Renan affirme qu'« il n'y a qu'un moyen de comprendre et justifier l'esprit moderne, c'est de l'envisager comme un degré nécessaire vers le parfait, c'est-à-dire vers l'avenir » (E. Renan 2013, p. 81). Au niveau du progrès, l'Africain ne semble pas trop concerné par les termes comme affinement, perfectibilité, accroissement, amélioration, développement, qui, pourtant, sont synonymes du progrès. Il est plutôt tourné et troublé par le doute.

Ce qui caractérise notre temps, c'est le progrès scientifique, « l'avenir est à la science, l'heure est à la conquête de la matière, du pouvoir de l'homme sur la matière » (E. Picard 2000, p. 23). Le mythe d'une matière incompréhensible disparait dans les pays en développement, tandis que l'ombre d'une matière incompréhensible grandit en Afrique. De plus, tandis que la matière devient un instrument scientifique, un produit manufacturé, elle est considérée, chez nous, en Afrique, comme un obstacle épistémologique par son mauvais usage. L'Africain doit procéder par une décision intellectuelle, par une purification de la matière, c'est-à-dire adapter l'outil aux phénomènes africains. Tout se passe comme si le progrès de la science se faisait contre la réflexion africaine. Les sciences qui devraient jouer un rôle indiscutable dans le développement de l'Afrique sont incomprises par l'Africain. La science, en influençant la vie sociale, a sans doute laissé de côté l'Africain par son inculture. D'où la mauvaise utilisation où l'anarchisme du progrès scientifique.

Depuis la fin de la deuxième guerre mondiale, en 1945, il y a eu un progrès extraordinaire de la science. Ce progrès s'est manifesté en Afrique par un anarchisme extraordinaire de développement. Au lieu de connaître un progrès extraordinaire de développement, l'Afrique s'est morcelée grâce à la science. Cette division consacre la naissance de l'anarchisme en Afrique, mieux encore, l'anarchisme social, l'anarchisme économique et l'anarchisme scientifique. Tous ces facteurs favorisent la naissance du désordre. Le besoin croissant de leur retard n'a pas favorisé une réflexion approfondie sur l'utilisation de l'outil scientifique. Au lieu d'une collaboration entre le colonisé et le colonisateur, sont nées des tensions qui ont favorisé le sous-développement. Il s'est instauré, entre ces deux entités, un manque de collaboration. Le progrès scientifique est devenu, pour l'Africain, un leurre au lieu d'être un but à poursuivre.

Par ailleurs, la science semble, aujourd'hui, être un grand outil économique, à savoir un système de libre-échange. Le progrès scientifique a favorisé la naissance de grands systèmes économiques et des programmes d'ajustement des économies moins fortes. Les réajustements permettent une réorientation vers de nouvelles voies pour remprunter le chemin de la croissance. Mais, en introduisant la science, l'Afrique a emprunté le chemin du sous-développement. Grâce à la science, l'économie des pays développés est devenue le repère d'évaluation. Lorsque l'économie est forte, vous êtes un pays scientifiquement fort et votre pays est dit développé, synonyme de scientifiquement avancé. Lorsque votre économie est sous développée, comme dans les pays africains, votre pays est moins fort et il est dit pays sous-développé. Le progrès scientifique garantit, au niveau économique, les biens faits de la société. Comme le dit l'économiste anglais John Maynard Keynes, « l'économie est la servante de la société » (J. Maynard Keynes 2009, p. 70). Dans ce sens, l'économie doit être intégrée à tous les besoins sociaux pour le bien-être de la population. Mais, au niveau africain, l'économie sert non pas la population mais ceux qui sont au pouvoir, c'est-à-dire une partie infime de la population. En tant que servante de la société, par la science et son progrès, la société pourrait tendre vers le bonheur. Le progrès scientifique est le sel de vie du développement. Il est, pour continuer notre analyse, la sève nourricière des politiques.

Notre histoire, bien qu'inscrite dans l'univers, s'écrit à contre-courant de l'histoire mondiale. L'Afrique est championne du contre-temps et de la contre-histoire. Nous vivons comme si les découvertes scientifiques des derniers temps n'ont eu aucun effet sur nous (l'Africain). Et pourtant, nous sommes bien inscrits dans l'histoire de l'univers. Selon l'expression d'Hubert Reeves, « nous sommes des poussières d'étoiles » (H. Reeves 2013, p. 20). À vrai dire, nous sommes inscrits dans l'histoire de l'univers. Les astrophysiciens ont dégagé la perspective selon laquelle « de génération en génération, malgré les dommages causés par la destruction de l'écosystème, notre univers s'enrichit de noyaux lourds et notre soleil de fer » (M. Spiro 2013, p. 21). Pour décrire l'univers, l'astrophysicien fait appel à des appareils plus sophistiqués et pourtant pour les Africains, ces appareils n'existent que dans le mystique.

Si, comme le dit Bachelard, « la science a l'âge de ses instruments » (G. Bachelard 2000, p. 19), il y a un problème au niveau de l'Afrique. La science a-t-elle véritablement commencé ? Si oui, la science en Afrique à quel âge ? L'Afrique est-elle armée pour aller au-delà de ce que nous voyons ? La caractéristique de l'homme est d'aller au-delà du visible, c'est-à-dire atteindre l'invisible. Mais, l'Africain se contente de ce qu'il voit. Même souvent ceux qui peuvent aller au-delà de ce qui est visible sont qualifiés de sorciers. Or, ce mot dans la société africaine a une connotation négative. La science africaine, quand elle commencera, a-t-elle les capacités de fabriquer ses instruments ?

Tous les êtres vivants croissent et produisent une descendance. Pour accomplir cet exploit, ces êtres sont dotés de nombreuses propriétés finement ajustées. Hissés sur les épaules de Charles Darwin, les biologistes occidentaux peuvent expliquer la finalité apparente des différents organes. Mais, pour l'Africain, les mutations des caractères héréditaires acquis n'ont aucun sens pour les phénomènes biologiques. En ce sens, le progrès pour l'Africain consiste à interroger avec insistance le mystère de la vie. La biologie actuelle pousse un peu plus loin, même jusqu'au stade ultime, certains questionnements concernant la vie : « quelle est la fonction de chacun des nucléotides du génome d'un organisme »[5]. Ces questions échappent aux différentes recherches scientifiques en Afrique. La biologie nucléaire est comme une soupe sur les cheveux que doit séquencer l'Africain. Même la découverte de l'ADN est passée inaperçue chez les Africains.

Un autre aspect du progrès biologique explique, en partie, comment les hommes ont des personnalités différentes. L'étude du cerveau de deux individus pris au hasard montre des différences. Ces différences apparaissent dans la cellule architecturale du cerveau. Le cerveau humain contient 100 millions de neurones. En outre, il existe plus 100 millions de connexions entre ces neurones. Au final, l'Africain a-t-il une personnalité ? Selon que la connexion soit forte ou faible, soit élevée ou basse, elle modifie considérablement le comportement. Ainsi, deux cerveaux ne sont pas identiques. Ces différences « favorisent la diversité de la pensée et des comportements » (F. Gage 2013, p. 18). Cette diversité des réseaux de neurones résulte en partie de celle du patrimoine génétique. Les expériences vécues interviennent également en influant, par exemple, sur l'intensité des connexions entre des ensembles particuliers de neurones. Cet état de fait est ignoré de l'Africain.

Que signifient ces formules en biologie, pour nous Africains ? Ces formules constituent des dogmes. En biologie moléculaire, ce sont les dogmes qui fondent l'information génétique. Ainsi, l'ADAN (Acide Désoxyde ribonucléique) et ARN (Acide ribonucléique). Depuis plus de 50 ans, les analyses dans les pays développés ont montré que les ARN ont des rôles riches et diversifiés. A la suite de cette découverte, les ARN traduits en protéines ont été nommés ARN messagers, et ceux qui assurent d'autres fonctions ont reçu le nom d'ARN non codant ou ARN régulateurs, n'exprimant pas de protéines. Ces termes techniques sont exclus du vocabulaire africain.

Depuis quelques décennies, la médecine, grâce aux progrès des outils scientifiques, intervient dans le patrimoine génétique. Grâce à des méthodes efficaces, la stérilité, souvent vécue comme une frustration majeure, sinon comme une malédiction par de nombreux couples, n'est plus une pathologie incontournable. Ces mots qui n'ont plus de

---

5 Les nucléotides sont des molécules organiques qui sont l'élément de base de l'acide nucléique, tel que l'ADN ou l'ARN

signification sont encore d'actualité en Afrique. On peut donc continuer à s'interroger si l'Afrique n'est du tout hors-jeu ou hors du jeu du développement scientifique et de la technique. Des techniques ont été mises au point pour maîtriser la procréation in vitro, la conception et le développement embryonnaire préimplantatoire. Ce progrès s'est introduit au moment où « de profondes mutations socio-culturelles sur l'organisation de famille ont commencé à se manifester dans la société » (P. Jouannet 2012, p. 66).

Il n'y aucun doute. Qu'on soit en Afrique ou partout, la science et la technique participent à la construction de toutes les sociétés. Mais, le degré de scientificité diffère d'un continent à un autre, voire d'un pays à un autre. L'Afrique souffre d'un manque de rationalité scientifique. Elle a une science, mais, cette science est mal exploitée. Car, elle peut résoudre les problèmes fondamentaux. Voilà pourquoi nous voulons faire ici l'épistémologie presqu'inexistante des sciences africaines.

3. *Épistémologie des sciences africaines engluées dans le sous-développement*

L'Africain a toujours cherché à comprendre le monde et à accroître ses connaissances. On pourrait même se dire qu'en Afrique, c'est une question de temps et de patience. Mais, devons-nous patienter combien de temps ? Outre les obstacles d'ordre technique, biologique et social, aucun individu n'est capable, quelle que soit son intelligence, qu'il soit européen ou africain, d'assimiler tout ce savoir disponible aujourd'hui. Il existe des difficultés fondamentales, car, « la science est incapable irrémédiablement de tout faire ou prévoir » (H. Zwirn 2013, p. 45).

La plupart des scientifiques pensaient que la science apporterait des réponses à presque toutes les questions possibles sur le monde. L'idée de tout expliquer n'est plus tenable, en raison de la mise en évidence, par la science elle-même, de limites infranchissables à son propre discours. Il est possible de classer ces limites que nous qualifions de laideurs en quatre catégories. En ce sens, la science de façon générale rejoint la science africaine.

Il s'agit, premièrement les limites constructives. En Afrique, la plupart de nos raisonnements scientifiques proviennent de l'intuition. Elles sont relatives à l'impossibilité pour la science de tout construire et pourtant Bachelard affirmait que « rien n'est donné, tout est construit » (G. Bachelard 2000, p. 247.). Il est impossible de construire le discours scientifique qui échappe à tout doute à l'échelle du temps.

Deuxièmement, les limites prédictives, qui montrent l'impossibilité de prévoir certains phénomènes (biologiques et physiques) avec précision. Ce type de perturbation est dû au hasard qui est au cœur de tous les phénomènes et de toutes les sciences africaines.

Troisièmement, les limites cognitives : ces limites concernent les domaines qui restent hors de la portée du savoir. De telles limites apparaissent en mathématique, dans l'étude des nombres parfaitement définis, mais qui ne sont pas calculables. L'Africain refuse de penser plus loin que ce qu'il voit.

Quatrièmement, les limites ontologiques des sciences africaines éliminent quelques entités conceptuelles en montrant leurs inconstances ou en les situant en dehors du champ d'appréhension du discours scientifique. C'est le cas en mécanique avec le rôle privilégié de l'observation, ou en mathématique avec la question de l'existence ou non des objets mathématiques. Nous, Africains, sommes passés à côté, car, nous appréhendons mal les problèmes.

Certes, le progrès scientifique vise le bonheur de l'Africain, mais, dans cet affinement, l'Africain continue sans cesse d'être menacé par la mort. En effet, toute vie étant cellulaire, nous devons « analyser les mécanismes à l'œuvre, à l'échelle de la cellule » (M. Radman 2012, p. 115). Chaque cellule est une usine biochimique autonome qui produit son énergie et synthétise les molécules à différentes fonctions. On sait que les maladies dégénératives commencent au niveau des cellules, parfois plusieurs dizaines d'années avant l'apparition des symptômes provoqués par le dysfonctionnement d'un organe. Pour la maladie d'Alzheimer, par exemple, les symptômes surviennent le plus souvent vers 80 ans. Chez l'Africain, cela n'est pas un problème étant donné que l'espérance de vie est à moins de 50 ans. Or, la dégénérescence cellulaire commence bien plus tôt. Que fait la science en ce moment ? Ne peut-elle pas stopper le vieillissement des cellules ? À ces questions, malgré ses progrès, la science reste impuissante. Ce qui fait dire à Edgar Morin qu'il faut « détruire l'idée d'un progrès simple, assuré, irréversible, et considérer un progrès incertain dans sa nature comportant du regret » (E. Morin 1981, p. 77). Pour l'Africain, que le progrès soit simple ou compliqué, il est d'ordre irréalisable tant l'anarchie règne dans l'intégration des sciences.

Au demeurant, si nous ignorons encore de nombreux détails, nous pensons que les molécules en cause dans le vieillissement appartiennent à la famille des protéines. La biologie des molécules est certes, par la notion d'information, codée par les séquences dans l'ADN et l'ARN, mais, cette information n'est essentielle à la vie que dans la mesure où elle est traduite en protéines (constituées d'acides aminés, dont les séquences correspondent aux séquences des nucléotides). Celles-ci « Assurent directement ou indirectement toutes fonctions vitales : catalyse des réactions métaboliques (enzymes), défense de l'organisme (anticorps), transport de substances spécifiques, telle l'hémoglobine qui véhicule l'oxygène (...) l'intégrité du génome reste nécessaire, car la vie requiert le renouvèlement des protéines et l'adaptation à un contexte change : pour répondre à une situation particulière » (M. Radman 2012, p. 116). Tout se passe comme si au niveau de la biologie, la santé de l'Africain était confiée aux sciences expérimentales et aux sciences positives occidentales, quand cela n'est pas confié aux sciences occultes et ésotériques. Mais, il est nécessaire d'ajouter que l'intégrité des gènes codant dépend des protéines qui réparent en permanence le génome et corrigent ses mutations. De façon générale, tout le fonctionnement de la cellule, y compris l'expression des gènes, est assurée par des protéines. Or, la cellule est le siège d'une chimie corrosive nécessaire à son métabolisme, mais, qui attaque des protéines, perturbe leurs interactions et réduit leurs activités catalytiques. En conséquence, les protéines finissent par se dégrader, et assurent de moins en moins efficacement leurs fonctions, ce qui entraîne le vieillissement des cellules et finalement leur mort. Même au XXIe siècle, l'Africain ne sait pas pourquoi il meurt, c'est pourquoi il accuse toujours les autres d'être responsables de sa mort. Selon Miroslav Radman, « Les gènes seraient souvent touchés, car la machinerie enzymatique qui les réplique et les repère se dégrade, mais l'effet n'est pas notable. Pour cela influe sur le fonctionnement d'un organe, il faudrait que les deux copies d'un gène porte des altérations délétères, et ce dans la majorité des cellules de cet organe. On n'a jamais observé une telle quantité de mutation dans le cadre du vieillissement (M. Radman 2012, p. 116).

Pour tout dire, ces dégâts oxydatifs sont irréversibles. Ils entraînent le vieillissement et la mort des cellules, occasionnant ainsi la mort de l'homme. Le progrès scientifique n'a pas toujours été bénéfique à l'homme et surtout pour l'Africain en particulier. La recherche médicale, certes a connu des progrès extraordinaires, mais, au-fur et à mesure de son avancée, la biologie, la biochimie et la biophysique créent plus de problèmes en Afrique. Car, l'homme africain est devenu un être à réparer continuellement. En effet, le progrès scientifique actuel, plus particulièrement de la biologie, est lié à la sélection des embryons, au tri des gènes, au clonage d'enfant-chimères. Ces progrès posent, bien sûr, la question de l'utilisation de l'être humain comme objet d'expérimentation. On peut même dire que « les techniques utilisées sont loin d'être efficaces » (P. Jouannet 2012, p. 68). Le dernier bilan de l'agence de la biomédecine de 2011 montre que, malgré les progrès réalisés, depuis 30 ans, nous connaissons encore mal les mécanismes cellulaires et moléculaires du développement de l'embryon. Autrement dit, l'homme est devenu, de façon permanente, un objet d'étude. Pourtant, il demeure difficile à connaître. En Afrique, les termes : cellulaire, embryon, sont omis du progrès. On peut même affirmer que, le développement scientifique n'a pas encore commencé. Ces limites que nous venons d'esquisser se distinguent de celles de l'homme de science sur l'environnement, car, en détruisant l'environnement, c'est l'homme lui-même qu'on expose aux conséquences néfastes de la destruction. L'Afrique bien que mal partie scientifiquement subit les assauts du climat. De ce qui précède, on peut retenir avec Albert Jacques que « toujours porteuse d'espoir certain, la science est devenue source de crainte pour beaucoup d'Africains » (A. Jacquard 1984, p. 79). Bien que la science soit engluée dans le progrès, on peut dire qu'elle est en perpétuel progrès en Afrique, elle ne peut résoudre tous les problèmes auxquels l'homme africain est confronté. Certains de ces problèmes, comme le vieillissement des cellules restent insolubles et la destruction de l'environnement rend laid le progrès scientifique.

Conclusion

Que vaut le progrès scientifique sans une organisation rationnelle ? La science et la technique sont la pierre angulaire du développement. La science existe probablement en Afrique. Elle est présente dans tous les pays. « Aujourd'hui, par la qualité et la quantité des découvertes et des inventions scientifiques, l'humanité scientifique a eu le mérite de passer de la considération classique ou statique et close à la conception dynamique et ouverte ou pluraliste de la science » (F. Moussiessi 2016, p. 15). La science fait du bruit mais, elle aime se développer sans bruit ; or, en Afrique, le développement scientifique est synonyme de désordre, d'ébruitement et d'anarchisme en un mot les résultats de la science sont mal exploités en Afrique. C'est fondamentalement le sens des mots comme « anarchisme » et « mort-né ». L'Afrique, on peut même affirmer qu'elle a une grande connaissance scientifique. Cependant, que fait-elle de cette connaissance ? C'est ce qui explique son retard sur les autres continents. La science, quoi qu'on en dise, vu ses objectifs, est une bonne invention de l'homme. Mais, elle n'est pas à la portée de tous. Il appartient, donc, à l'Africain de s'en approprier et d'en faire bon usage. Ce n'est qu'à ce prix qu'il peut être sur le chemin de la rationalité qui conduit au bonheur. Ainsi, les Africains réduiront l'écart entre eux et les autres hommes.

Références bibliographiques

BACHELARD, Gaston (2000), *la formation de l'esprit scientifique,* Paris, Vrin.

DESCARTES, René (2000), *Discours de la méthode,* Paris, Flammarion.

GAGE, Fred et MUOTRI, Alyasson (2013), « Des gènes sauteurs dans le cerveau », in *Dossier pour la science,* N°81 Octobre-Décembre.

HEMPEL, Carl (1972), *Elément d'épistémologie*, trad. Bertrand Saint Sernin, Paris, Armand Colin.

JACQUARD, Albert (1984), *Au péril de la science*, Paris, Seuil.

MAYNARD KEYNES, John (2009), *Théorie générales de l'emploi, de l'intérêt et de la monnaie*, Trad. Harold Laski, Paris, Flammarion.

MIROSLAV, Radman (2012), « *Toujours jeune* ? », in *Pour la science*, N°422, Décembre.

MORIN, Edgar (1981), *Pour sortir du vingtième siècle,* Paris, Fernand Nathan.

MOUSSIESSI, Fabrice (2016), *Penser l'épistémologie non classique des mathématiques chez Imré Lakatos,* Paris, L'Harmattan.

PICARD, Emmanuel (2000), *Discours scientifiques*, in *Les génies de la science,* n°28, Février.

PIERRE, Jouannet (2012), « Quelle procréation demain ? », in *Pour la science*, Décembre, N°422.POPPER, Karl (1979), *La société ouverte et ses ennemies*, Tome 1, traduit de l'anglais par Jacqueline Bernard et Philippe Monod, Paris, Seuil.

POPPER, Karl (1982), *La Logique de la Découverte Scientifique*, Traduction de Nicole Tyssen-Rutten et de Philippe Devaux, Paris, Payot.
POPPER, Karl (1993), *Misère de l'historisme*, traduction par Michelle Irène et Launay, Paris, Payot.
REEVES, Hubert (2013), *Nous nous inscrivons dans l'univers*, in *Science et Avenir*, Octobre-Novembre.
RENAN, Ernest (2013), *Nouveau venu chez les homos*, in *L'Avenir de la science*, Hors-série, Edition d'Octobre-Novembre.
SPIRO, Michel (2013), *La physique des infinis,* Paris, Gallimard.
ZWIRN, Hervé (2013), « Les limites de la connaissance », in *Sciences et avenir*, Octobre-Novembre.

Définition d'un cadre éthique à l'émergence scientifique en Afrique : le principe déviance

Alexis COMPAORE
Complexologue-Tagsgonome
Ecole Supérieure Polytechnique de Yako, ESPY-Burkina Faso

Résumé

La question du développement est une préoccupation pour nombre de pays dits pauvres, africains ou asiatiques et, selon dernièrement les révélations de la pensée complexe, pour tous les pays du monde bien entendu. Les dernières publications littéraires font état des défis généralisés pour l'ensemble de la planète. Ce propos situe le problème au niveau éthique en Afrique. Il vise à proposer aux Africains et à tous les pauvres de pouvoir envisager une subtile reconsidération des règles éthiques et/ou des comportements susceptibles d'entraver les avancées significatives de la science. Nous ne voulons pas forcément dire que l'Afrique serait en retard par rapport à certains autres, mais, nous pensons que, sans aller contre certaines thèses établies, nous cherchons difficilement à nous placer sur les voies d'épanouissement. Nous plaidons, du moins, nous revendiquons un *principe déviance* pour avancer vers l'éclosion civilisationnelle, car, il s'agit de ne pas cautionner la misère où qu'elle se trouve et de revendiquer le partage du savoir en le faisant sortir d'où il se cache. Il ne sert à rien de chanter dans les églises et les mosquées, les temples et les cercles la solidarité et camoufler des connaissances aux populations. L'émergence scientifique est peut-être moins un souci pour l'Afrique que pour les autres comme les Occidentaux.

Mots clés

Cadre éthique, complexologie, déviance, développement, émergence scientifique, tagsgonomie.

Introduction

L'Afrique est frappée aujourd'hui par de nombreux défis et de maux divers. Pour peu que l'on consulte les rapports des Institutions politiques nationales et internationales, l'Afrique se présente aux yeux des observateurs comme un continent de tous les malheurs et de tous les défis. Cela nourrit le sentiment chaque jour grandissant qu'elle ne peut sortir de l'ornière et que tout semble joué pour elle pour la manifestation d'un désastre irrémédiable. Mais, il convient, pour notre part, de redire cela autrement, car il n'y a pas de défis africains qui ne soient pas asiatiques, américains, européens. Autrement dit, l'Afrique n'est pas le seul continent où sévit la misère. Certes, la misère y est alarmante au regard du grand nombre en quête de bien-être, d'eau potable, de logement, mais il est clair que l'Afrique est à la couleur du monde dans lequel elle se trouve. Nous voulons dire que les malheurs comme les autres réalités existentielles qui frappent le continent sont perceptibles partout ailleurs. Il y a des défis de développement en Afrique comme partout ailleurs ; des défis psychologiques comme des défis de gouvernance, des défis éthiques ou politiques comme des défis économiques et religieux, etc. La pauvreté relationnelle en Europe ou en Amérique est souvent à des niveaux et à des moments pires que la pauvreté matérielle en Afrique. De ce point de vue, la crise en Afrique est également perceptible en Europe et dans d'autres régions du monde. Il s'agit de trouver une solution qui soit globale, puisque la faim qui frappe le Zimbabwe peut faire périr des individus en France, compte tenu des informations solides que nous fournit notre nouvelle génétique en élaboration[6].

---

6 Cette génétique devrait être publiée sous le titre « Les sociétés humaines dans la nature » (à paraître). Selon cette nouvelle génétique, la migration d'ADN rend cette éventualité possible. Cela est déjà annoncé dans *Introduction à la pensée complexe* d'Edgar Morin (Seuil, 1973). Tout est enchevêtré, même nos ADN. Tout est en tout, même nos âmes. Lorsque l'on dit ainsi les choses, les gens ont tendance à prendre les choses sous le coup du rire et du sourire ; pourtant il en est véritablement comme cela. Que l'on n'oublie pas le déterminisme généralisé de Simon Pierre de Laplace. Il est vrai que plusieurs sont encore dans cet âge préhistorique dont parle Morin, mais, c'est dire que nous sommes appelés à plus d'éveil conscient et à plus d'égard pour le monde qui avance. Nous semblons être en avance par rapport aux autres pourtant, nous vivons dans le même monde. Ce qui veut dire que, c'est plutôt un refus qu'une vraie ignorance. Les choses sont assez visibles que, même les aveugles peuvent les voir pour peu qu'ils clignent davantage les yeux.

Ainsi, les crises et les défis, les problèmes et les préoccupations qui secouent l'Afrique, secouent également les autres continents au même niveau de considération. Il s'agit de pouvoir faire face aux défis cosmiques et humains de l'heure. Ce qui interroge lourdement nos valeurs et nous exige un nouveau sens d'être et de réflexion. Il faut se garder de croire qu'un continent soit devant ou derrière l'autre en termes d'avancée ou en termes de retard. Il faut se garder de croire que l'Europe ou tout autre continent soit meilleur que l'Afrique. Il faut se garder de classer. Chaque culture, chaque continent du monde, de l'univers possède tous les moyens de sa grandeur[7].

L'initiative de relationner l'ensemble des domaines de savoir, d'intercaler les sciences humaines et les sciences exactes à la manière dont nous l'avons entreprise revient à répondre de tous les secteurs de recherches en même temps, de sorte à guérir les maux de tête en utilisant les produits contre les maux de ventre, ou de soigner les mains en soignant les pieds. C'est une ultime perspective. Ce qui permet d'adopter le chemin emprunté ici est la déviance. C'est pourquoi, nous voulons mettre en exergue ce principe. Il faut que les scientifiques évitent de nous marginaliser[8] aussi longtemps comme si nos productions ne sont pas scientifiques. Tout complexologue est avant tout un scientifique. C'est même le véritable scientifique de notre

---

7 Nous en avons fait un clin d'œil dans notre communication au Colloque de Ouagadougou de juin 2019 sur « Etudier la culture : enjeux – approches – horizons critiques ». Notre communication était intitulée « Complexologie linguistique : clarification sur les fondements d'une civilisation universelle ».

8 On ne peut plus éteindre la flamme de la complexologie. On ne peut plus arrêter l'expression de la complexologie. En politique comme au niveau des syndicats, ainsi qu'en milieu universitaire, au sein des églises et des mosquées, des temples et un peu partout, les discours se réfèrent à nos écrits d'il y a un peu plus de dix (10) ans. Les gens ne se gênent plus de parler de la complexologie, de nous appeler complexologue. C'est dire que la complexologie est déjà entrée dans les considérations communes et dans les habitudes, même s'il faut convenir que certains comportements restent encore intéressés. Nous en sommes déjà contents. Elle va encore davantage s'enraciner et pousser les gens à adhérer. Les Ecoles Supérieures Polytechniques continuent leur bonhomme de chemin au Burkina Faso. L'année dernière, il était question de complexologie linguistique. Cette année, nous comptons ouvrir la section complexologie politique. Depuis les quatre années passées au niveau de l'Ecole de Ouagadougou, nous nous limitions à une reprise des formations habituelles comme l'économie.

époque. Nous n'allons pas reculer. Nous allons nous expliquer afin de nous faire comprendre.[9]

Ainsi, la complexologie que j'enseigne depuis bientôt trois ans nous ouvre d'immenses opportunités sur la vie et sur l'existence. Mais comme il est question d'émergence de l'Afrique, du développement, d'éthique, je voudrais inscrire mon propos dans l'éthique non pas seulement parce que l'argumentaire en fait cas en indiquant la nécessité de définir en Afrique un cadre éthique de recherche scientifique, mais surtout parce que l'éthique est la porte d'entrée directe à la complexologie, grâce à laquelle je procède à une réorganisation des savoirs. On s'intéressera d'abord à cette organisation. Ensuite, au principe de déviance comme capable de nous sortir de l'ornière. La problématique du développement nous concerne tous et il convient de prendre des initiatives salutaires sans peur de représailles et sans crainte, car personne n'est fondée à faire du tort à l'autre[10].

---

9 Un homme sort de chez lui avec un visage de femme et revient avec un visage d'homme ; il n'y a pas science plus dure que cela. Cela ressort de la science de la vie et de la terre (SVT) enseignée avec entrain aussi bien dans des classes primaires qu'au secondaire ou supérieur. C'est de la science pure. Il convient de regarder de plus près, par exemple, dans la circulation sanguine. Le sang qui sort des artères n'est pas le même qui y revient. Si notre cœur le refuse à son retour, disant qu'il n'est pas le même, parce que chargé de gaz divers pris au cours de la circulation, alors le corps meurt et avec lui tout le reste. Lorsque nous avons lu l'argumentaire des *Cahiers épistémologiques* 8/2019, nous étions dans des sentiments mélangés, confus, bref, complexologiques, en ce sens que les critiques et les reproches que nous avions à formuler contre tel ou tel propos et/ou idée constituaient en même temps des horizons de réflexions pour davantage présenter nos travaux aux scientifiques ainsi qu'à d'autres personnes. Nous nous sommes posé plusieurs questions, bref. Mais, pour ce qui est de la complexologie, tout est perçu comme avenue. Quel que soit le bout par lequel on aborde les questions, on aboutit aux objectifs que l'on se fixe. C'est dans la pensée complexe que Morin parle d'écologie de l'action pour dire que l'on peut initier une action, une pratique pour un objectif donné et que cela se retourne en son objectif contraire. Dans la complexologie, nous passons au-dessus de l'écologie de l'action, en ce sens qu'elle s'y dissout. Elle y disparaît, en ce sens que l'on atteint toujours les objectifs : vous voulez atteindre des objectifs politiques, vous pouvez commencer par vous exercer à l'art, à la religion, à la science ou cultiver la terre : les exemples d'objectifs atteints sont légion.

10 Le principe innocence adopté ici permet finalement de comprendre cela. Cette troisième voie suggérée par beaucoup, sans souvent pouvoir la dire ouvertement, constitue le cadre justificatif de nos actions et même de nos propos. Mais, il importe de comprendre cela profondément. Les sentiments utilitaristes et les égoïsmes de tout genre ne peuvent permettre une explication de nos versions. En effet, lorsque l'on se situe dans de tels sentiments, plus rien ne peut s'inscrire contre un chaos programmé. Or, il n'est pas question de saccager la vie mais, de lui ouvrir la voie d'un grand

1. *Complexologie : de la nouvelle organisation des domaines de savoirs*

Nous avons procédé à une réorganisation des domaines de savoirs. Cela apparaît déjà dans notre communication du colloque international de Ouagadougou sur « *Etudier la culture : enjeux – approches – horizons critiques* » tenue en juin 2019[11].

La mort de la philosophie est un thème récurrent apparu dans les philosophies ces dernières années surtout, même si Hegel en a fait un de ses thèmes importants. Beaucoup combattent cette idée de disparition de la philosophie, car, la philosophie ne saurait mourir. Pour Karl Jaspers par exemple, là où l'on penserait qu'elle disparaîtrait est là où l'on devrait savoir qu'elle renaît. Pour Blaise Pascal avant lui, déclarer la mort de la philosophie, c'est vraiment philosopher. Bien d'autres auteurs s'inscrivent dans cette logique. Pourtant, on peut trouver aussi des philosophes comme Hegel ou Fukuyama qui pensent que l'ère de la philosophie est close. Chacun tente tant bien que mal de présenter ses idées et de montrer à quel point elles sont considérables. En effet, chacun rivalise d'ingéniosité par rapport à son point de vue. Mais, nous voulons tout simplement, sans nous inscrire dans aucun point de vue, non plus sans les négliger, indiquer que la philosophie se dissout dans la complexologie. Nous pouvons même proposer un ordre des savoirs en ceci : l'art – l'économie – la politique – la religion – la science – la philosophie – la sorcellerie – l'éthique – la complexologie. Ce qui les fonde tous et établit les liens vivifiants entre eux est bien sûr la *tagsgonomie*, le dixième savoir. C'est une théorie.

épanouissement fondé sur la compréhension. On revient à chaque fois sur la compréhension, parce que c'est important. C'est elle qui nous ouvrira les possibilités inouïes d'une vie communautaire faite de sens, de solidarité et de mieux-vivre.

11 Notre communication portait sur « Complexologie linguistique : clarification sur les fondements d'une civilisation universelle ». Nous avons voulu présenter d'abord la complexologie comme discipline nouvelle et, à partir d'elle, voir comment nos existences humaines sont appelées à grandir en adoptant de nouvelles considérations. Nous sommes en vérité pris ensemble dans un élan communautaire de liberté, de savoir et de paix. Nous pouvons nous parler dans nos langues sans aucune entrave. Nous pouvons communiquer dans nos différentes cultures sans entrave aucune. C'est le sens de la pentecôte chrétienne pratiquée par la hiérarchie sociale et quelques individus bien imprégnés. Il est possible que nos populations bénéficient de ces bienfaits, afin de faire cesser les barrières de tout genre entre les populations, cause de tant de divisions et de conflits souvent insensés. Il faut, comme le dit Edgar Morin, que l'impulsion vienne de quelque part, mais surtout que le relais soit fait pour éviter sa mort.

Ainsi, il n'y aurait pas une disparition comme beaucoup voudraient le laisser entendre, ou un maintien de la philosophie dans les termes habituels que l'on connaît. Il y a simplement sa dissolution qui indique qu'elle se métamorphose en s'expliquant mieux dans la complexologie. La complexologie apparaît pour nous comme le nouveau champ disciplinaire désormais acquis à l'intérieur duquel toutes les questions philosophiques sont désormais prises en charge. Il ne s'agit pas seulement des questions philosophiques, mais également des questions de sciences exactes qui sont intercalées avec celles de sciences humaines et sociales. Certes, nous n'avons pas totalement réussi à mettre cela en pratique, mais cela est possible. Il importe aux hommes de pouvoir libérer le savoir et le sortir de sa cachette. Un épanouissement intégral des populations est possible. Il est même une nécessité urgente, une obligation pour les responsables sociaux de tout bord[12].

2. Émergence scientifique de l'Afrique : le principe déviance

Pour nous, l'émergence scientifique de l'Afrique ne peut économiser l'attitude déviante. Autrement dit, il serait nécessaire de prendre en compte le principe déviance dans le processus d'une mise en route actuelle de l'Afrique, et même du monde, vers un plus grand épanouissement des populations. La déviance implique une disposition sociale à faire ce que l'on fait lorsque l'on est convaincu du bien qu'il peut apporter aux autres. Un tel principe se réserve l'écoute et l'attention aux autres malgré tout. De ce point de vue, il peut comporter des limites. C'est pourquoi, la non écoute pourrait le compléter, afin d'exprimer la témérité d'aller vers les buts poursuivis.

2.1. Rôle et valeur de la déviance

Généralement, la déviance est accusée à tort et à travers. Mais, c'est parce qu'elle dérange la hiérarchie sociale dans son ensemble du fait de ses bonnes intentions. Elle est tenue par des personnes soucieuses des autres et sachant que le progrès social ne peut se réaliser

---

12 Il sera nécessaire de pouvoir nous départir de nos sentiments égoïstes, pour aimer et vouloir le bien de tous. Pour cela, il nous faut forcément un nouveau regard sur nous-mêmes et sur les autres, sur nos pratiques ainsi que sur nos comportements et théories. Nous pensons que des philosophes comme Kant (dans son désir d'une société de paix), Karl Marx (dans son désir de société harmonique et vivifiante), d'autres dans leur désir d'un paradis, n'ont pas pensé en vain.

sans prendre en compte une nouvelle reparadigmatisation, c'est-à-dire un changement dans le mode même de penser[13] et de se comporter. Elle est tenue par des personnes qui ont le sens du service des autres. Elle est tenue par des personnes qui ont le sens du devoir envers les autres. Elle est tenue par des personnes dont le sens du partage est d'importance sociale.

On l'aura sans doute compris, on peut bien comprendre l'idée de Morin de ne pas faire de l'enseignement un service pour lequel la recherche du gain et du profit est de première importance. Il invite ceux qui ont la charge de l'éducation d'en faire un sacerdoce, une mission sociale. Socrate était déjà lancé dans cette dynamique d'enseigner dans la cité, c'est-à-dire sans forcément prendre un pourboire. C'est vrai que les contextes ont bien changé et que la nécessité de vivre avec de l'argent devient une urgence sociale, mais il importe de rester ouvert au partage. Ainsi, il n'est pas indiqué de dormir sur les lauriers ou de laisser la hiérarchie sociale le faire sans se soucier de l'urgence du changement pour un meilleur épanouissement des populations. L'accusation entreprise contre les déviants ne devrait pas prospérer, étant donné les implications positives qu'il convient de regarder et de laisser apparaître. La hiérarchie sociale a souvent peur inutilement en barrant la voie ou le chemin à telle ou telle autre découverte. Elle est donc souvent haineuse à l'encontre desdits déviants qui cherchent à réaliser le bien commun, le bien de tous. Nous devons savoir prêter attention aux déviants et à se ce qu'ils font pour davantage les comprendre, plutôt que de procéder à des répressions souvent inutiles et de nature à saper le progrès social.

Pour la hiérarchie sociale, tout acte de déviance doit être rejeté pour que la société retrouve son équilibre ou poursuive son chemin. Il doit, par conséquent, être réprimé à la rigueur. L'abandon de l'acte de

---

13 On peut lire très attentivement le livre de Morin intitulé *Les sept savoirs nécessaires à l'éducation du futur*, éd. Unesco, 1999. Dans ce livre, l'auteur plaide pour un changement de l'éducation, une réforme de l'esprit même de l'homme dans sa manière d'aborder les questions touchant à la vie et la conduite sur la terre. Il parlait, en 1999, de l'éducation du futur, mais cela peut constituer une erreur ou conduire les gens dans l'erreur étant donné qu'ils peuvent penser qu'il conviendrait d'attendre un autre âge pour cela. Mais, on peut comprendre aussi dans la mesure où la complexologie ne s'était pas encore manifestée. Ainsi, il convient de démarrer là où encore une telle éducation n'est pas réalité. Il n'y a pas à attendre comme dans une salle de classe. C'est pourquoi, nous pensons traduire notre expérience depuis déjà un certain temps. Nous avons commencé, surtout avec la complexologie linguistique, pour ensuite, petit-à-petit aller aux autres ensembles.

déviance, acte souvent de découverte, de progrès social, vitrifie la vie et la conduit à la routine. Or, il faut faire preuve de créativité et d'initiative pour faire avancer les choses.

Lorsque j'ai rencontré le thème de déviance autour de 2005, dans la philosophie d'Edgar Morin, j'en ai consenti. Ici, il s'agit de montrer que la déviance comporte une valeur de recherche scientifique, politique, etc., sans refus de la société et de ses règles. Autrement dit, le conformisme social ne peut porter la société vers un meilleur épanouissement, ou vers de nouvelles découvertes dans les recherches scientifiques et même politiques[14]. Cela indique qu'à un moment donné, on doive s'élever contre l'établi et le défini, afin de faire avancer les choses. L'épanouissement social est un devoir impératif de tout responsable social, fût-il universitaire, politique, religieux, etc.

La valeur heuristique de la déviance s'intercale dans l'idée que le mal est bien. C'est en fonction de cette dernière idée que l'on reçoit la déviance non plus comme un acte barbare et répréhensible, mais comme un acte devant lequel il convient d'observer de la patience et de faire preuve de retenue. On peut fournir des cas pour montrer que les situations devant lesquelles le mal s'accomplit doivent interroger doublement les gens. On peut considérer les tremblements de terre. Ils

---

14 Dans le domaine politique spécifique, nous avons initié ce que nous appelons la théorie politique ultime consistant en la complexonomie politique. Il s'agit d'une théorie qui rassemble ou mieux qui fait cohabiter les théories politiques connues jusque-là pour en faire une seule théorie en plusieurs en même temps. L'idée d'une nouvelle politique chez Obama, ancien président des Etats Unis, « d'une sorte de nouvelle politique qui rassemble nos expériences communes », l'idée de Morin « d'une politique de civilisation » s'épanouissent toutes dans la complexonomie politique. A l'intérieur de cette théorie politique se trouvent exprimées toutes les expériences politiques que l'humanité aurait réalisées. C'est pourquoi je dis dans mon livre *Le père de la philosophie n'est pas grec*, éd Eue, 2015, que la question politique importante n'est autre que la question noucière. L'idée d'une question noucière est une initiative nouvelle que nous prenons de situer les enjeux politiques actuels qui ne sont pas que politiques mais se conjuguent avec les autres domaines de savoirs comme l'économie, la religion, la science, l'art, la philosophie, la sorcellerie, etc. L'enjeu fondamental de nos thèses doctorales est de relever cela et de montrer l'interconnexion des problèmes. Il serait encore intéressant de pouvoir lire la thèse doctorale numéro deux (N°2) à savoir *Limites des éthiques non anthropocentriques comme horizon d'une nouvelle éthique en sciences sociales et technologiques*. Elle est d'une importance capitale dans la compréhension des connexions que sont les problèmes de nos sociétés actuelles. Nous avons donc identifié le complexologue comme la figure réelle et intellectuelle capable de répondre aux attentes politiques d'aujourd'hui. Mais, c'est surtout le tagsgonome, chargé de gérer la complexologie, vu la nature ambivalente et complexe des problèmes qui est à rechercher.

sont vus comme destructeurs et facteurs de désolation. Cependant, grâce aux tremblements de terre, nos connaissances s'accroissent, notre vie s'équilibre mieux. Lorsqu'il y a des tremblements de terre, les séismes génèrent des ondes qui pénètrent dans toutes les directions en surface comme en profondeur. Grâce aux ondes, on comprend les propriétés physiques des milieux qu'elles traversent. Nous avions l'idée que la terre est homogène. Mais, cette idée s'est effritée pour laisser place à l'idée que la terre est hétérogène. Cela grâce aux messages obtenus lors des séismes. Mais, cela ne signifie ou n'appelle pas les responsables religieux et autres à commettre des tremblements de terre ou des inondations sur les sociétés[15]. Aucune Institution locale ou internationale n'a obligation à commettre cela, lorsque l'on critique ses actes ou ses bévues. On peut encore considérer que l'intoxication produite par Louis Pasteur ait produit le vaccin contre la rage. On peut voir aussi que la seconde guerre mondiale a permis la création de l'ONU. Pourtant, nous ne cherchons pas à défendre l'Eglise de Locke dans ses bévues et ses massacres pour conduire les gens à accepter un ordre donné pouvant être crisogène, conflictuel et désastreux, monté de toutes pièces pour faire valoir une vue ou pour des avantages de culture au détriment d'autres.

Il n'y aura pas d'émergence scientifique en Afrique sans déviance, même si nous avons déjà l'idée que l'Afrique est nantie scientifiquement et qu'elle se trouve seulement dans une position attentiste. Il nous faut passer à l'action. C'est ce qui fera l'émergence scientifique. Or, beaucoup d'Africains, imbus de la culture de l'admiration, ont peur de passer à l'action. Il nous faut vaincre le sentiment qui consiste à respecter scrupuleusement les règles dites de bienséance et/ou les règles de bonne conduite : si la voyance se trouve dans la prostitution et que les religieux interdisent d'en faire et que cela soit respecté, on n'aura sans doute pas la voyance pourtant nécessaire pour la sécurité ! Si c'est dans les sexes des parents que le secret contre les attaques sorcières et mystiques et le bonheur d'être nommé à des hautes fonctions de responsabilités sociales se trouve, il va falloir éviter de respecter religieusement les intimités des parents[16]. Si le bonheur de la renommée se trouve dans le sexe des ânes, il va falloir y entrer, si l'on en cherche !

---

15 Dans notre thèse nous montrons le côté anthropique de tels évènements qui accablent souvent la vie.

16 On peut se référer à la Bible, livre de référence des milliers de personnes à travers le monde (Gen, 19 et 20)

Ainsi, nous sommes appelés à comprendre que la connaissance, qu'elle soit scientifique ou autre, a un prix qui ne se paie pas toujours avec l'éthique. C'est Nietzsche qui a dit que la morale se moquait de la moraline. Certes, on peut n'avoir pas compris cet auteur emblématique d'un grand esprit, mais on peut comprendre que ceux qui composent souvent la hiérarchie sociale et qui sont applaudis par les populations, acclamés, voire adorés, ont souvent des comportements sans aucun lien avec ce qui les fait être applaudis. Quand souvent les dieux disent de ne pas accomplir quelque chose, c'est cela même qu'il faut accomplir. De sorte que, c'est en rivalisant avec les dieux que l'on devient des dieux[17]. Si, donc, les Africains, surtout ceux qui se disent intellectuels, ne cultivent pas parfois l'art d'accomplir l'interdit, l'Afrique restera scientifiquement en veilleuse. C'est à ce niveau que devrait venir la déviance ouverte et l'entraînement aux populations à désobéir. Il faut avoir le courage de manger le fruit défendu de l'arbre qui se trouve au milieu du jardin. C'est un arbre comme les autres !

L'émergence scientifique est le courage de la témérité, de transgresser les interdits sociaux, car là où il y a la mort là aussi se trouve la vie. C'est Morin qui parle de « vivre *de mort* ». Dans la montagne[18], dont la montée est interdite, se trouve souvent l'or qui doit permettre de financer la recherche scientifique pour l'éclosion sociale. Dans le sexe, dont la fréquentation est interdite, se cache souvent l'intelligence intuitive qui doit propulser la recherche de tout domaine. C'est dire qu'il faut donc aller souvent contre les bienséances sociales, pour être socialement bien. Dès lors, nous devons avoir l'habitude de voir les choses avec nos propres yeux que ceux des autres, selon le conseil précieux René Descartes. Pour lui, c'est encore mieux de se conduire soi-même que d'être conduit par un autre et de jouir des couleurs par ses propres yeux que de les avoir fermés et suivre la conduite d'un autre[19]. C'est pour dire que l'épanouissement scientifique ne s'accorde pas toujours avec l'accord éthique. Il faut savoir que l'éthique connaît une limite pour laisser la place à la complexologie dans laquelle l'écoute n'est pas toujours nécessaire, lorsque l'on sait où l'on va et la mission sociale que l'on porte.

---

17 On peut lire le mythe de Prométhée et d'Epiméthée de Platon dans le livre La République.

18 Le film « L'or de Jounga » est à regarder avec beaucoup de méditation.

19 Cf. Descartes, *Règles pour la direction de l'esprit*, éd. Gallimard.

Conclusion

Clairvoyance scientifique et service social

La clairvoyance du scientifique est au-dessus des normes sociales. Nous voulons dire, si nous sommes obligés de classifier, qu'il n'y a pas de scientifique qui soit en-deçà du social et des dirigeants sociopolitiques. Il y a le bonheur social de l'autre côté de la rive. Le scientifique l'a découvert. Il doit aller le chercher, même en se noyant. C'est un devoir éminent. C'est un devoir envers les autres. Il peut le faire même contre les autres. Aucun tribunal ne peut le juger sans faillir. La clairvoyance scientifique du complexologue est de nature à se situer au-dessus des normes sociales, en ce sens que les normes sociales la veulent comme terme et objectif. C'est dire qu'il se situe toujours au-devant de la société. Le philosophe de Platon, qui est au-dehors de la caverne, manifeste le zèle du complexologue et le statut réel de ce dernier. La position de Moïse devant son peuple à la nuque raide symbolise la position réelle et manifestement responsable du complexologue. De ce point de vue, il marche toujours devant le reste de l'humanité, la guide, l'oriente, mais se trouve également derrière pour encourager ceux qui n'en peuvent plus, leur communiquant l'énergie nécessaire pour avancer. On peut se souvenir de Morin, l'incompris. Même si aujourd'hui, plus de quarante ans après, nous avons du mal à faire avancer les choses, nous pouvons comprendre le difficile éveil non seulement d'une contrée particulière du monde, mais de tout le monde ; non seulement d'une partie de l'humanité, mais de toute l'humanité. C'est souvent difficile, voire douloureux, de comprendre que les gens ne comprennent pas, de les voir cherchant à s'en sortir difficilement pendant que le chemin se trouve à leur portée. Il n'est même pas nécessaire d'aborder les groupes sociaux aveuglés parfois par leurs intérêts mesquins, mais pour lesquels ils s'entredéchirent. Chacun regarde les choses dans l'ordre de son seul intérêt, alors que cela noie et empêche d'avancer.

Le devoir de servir les autres que l'on peut ressentir donne naturellement des ailes et du courage, de l'entrain et du bonheur; malheureusement, on est souvent interrompu par l'attitude de trop vouloir se rassurer de ce que l'autre fait ou de ce qu'il se sent bien, c'est-à-dire ne serait pas dérangé par ce que l'on fait. On voit clairement que les gens veulent voir avant de croire. C'est juste. C'est une attitude de réserve qui se comprend mais ne peut prospérer. Nous devons savoir souvent nous abandonner au sort, avancer vers le risque sans nous en soucier. C'est donc une invite à tous de savoir lever les yeux vers l'horizon d'où peut venir notre bonheur.

Références bibliographiques

COMPAORE, Alexis (2015), *Le père de la philosophie n'est pas grec*, Berlin, éd. Eue.

COMPAORE, Alexis (2019), *Les Mondes du Complexologue*, Ouagadougou, éd. Burkina-édition.

COMPAORE, Alexis (2019), *Limites des éthiques non anthropocentriques comme horizon d'une nouvelle éthique en sciences sociales et technologiques*, Ouagadougou, éd. Burkina-édition.

DE ROSNAY, Joël (1975), *Le Macroscope*, Paris, Seuil.

KI-ZERBO, Joseph (2003), *A quand, l'Afrique ?*, Dakar, éd. Panafrika.

KI-ZERBO, Joseph, (2007), *Repères pour l'Afrique*, Dakar, éd. Karthala.

MORIN, Edgar (1990), *Science avec conscience*, Paris, Seuil.

MORIN, Edgar (2002), *Pour une politique de civilisation*, Paris, éd. Arléa.

MORIN, Edgar (2010), *Pour et contre Marx*, Paris, éd. Temps Présent.

PLATON, *La République*, Paris, Gallimard.

Citoyenneté et bioéthique en Afrique

Kouadio Victorien EKPO
Maître de Conférences en Philosophie,
Université Alassane Ouattara, Bouaké, Côte d'Ivoire
E-mail : kouadioekpo@yahoo.fr

Résumé

La citoyenneté en Afrique ne peut être envisagée, aujourd'hui, de façon lucide en ignorant les technosciences qui génèrent des questions bioéthiques. Ces dernières façonnent notre manière de penser, notre rapport à la liberté, aux normes et à nous-mêmes. Elles remettent en question certains fondements de la filiation, de l'identité et de la citoyenneté. En conséquence, la citoyenneté s'engage dans une aventure soumise à des conjonctures dénuées de transparence pour des citoyens africains qui ignorent les enjeux sociopolitiques des technosciences. Ce texte propose, alors, de comprendre des évolutions technoscientifiques susceptibles de perturber la citoyenneté, en vue de recommander une articulation dynamique entre la bioéthique et la citoyenneté. Il permet, alors, d'affirmer que la coévolution de la bioéthique avec le droit devient un impératif pour une appropriation éclairée, lucide et constructive de la citoyenneté, qui s'inscrit dans une dynamique métastable dans une Afrique en mutation faisant corps avec l'univers socio-technicien.

Mots clés

Afrique, bioéthique, citoyenneté, coévolution, technosciences.

Abstract

Today, citizenship in Africa cannot be considered in a lucid way by ignoring the technosciences that generate bioethical questions. The latter shape our way of thinking, our relationship to freedom, norms and ourselves. They bring into debate some of the foundations of sonship, identity, and citizenship. As a result, citizenship is embarking on an adventure that is subject to conjunctures without transparency for African citizens who are unaware of the socio-political stakes of technoscience. Then, this text proposes to understand technoscientific developments that could disrupt citizenship, with a view to recommending a dynamic articulation between bioethics and citizenship. It then makes it possible to affirm that the co-evolution of bioethics with law becomes an imperative for an informed appropriation, lucid and constructive citizenship that is part of a metastable dynamic in a changing Africa that is linked with the socio-technical universe.

Key-words
Africa, bioethics, citizenship, coevolution, technosciences.

Introduction

La citoyenneté est chère à tout individu, parce qu'elle confère une reconnaissance et accorde des privilèges à celui qui la porte tout en lui exigeant des devoirs. Elle est, dans les sociétés contemporaines, liée à des questions bioéthiques qui touchent à des degrés divers chaque société. Les questions bioéthiques influencent les modes d'expression de la liberté, de l'égalité et de la justice. Elles reconfigurent, entre autres, le droit à la santé, à l'éducation et à l'identité du citoyen. Cela, se produit dans une Afrique en mutations où le pouvoir inédit des technosciences perturbe des cadres d'expression de la citoyenneté en exigeant leur renouvellement.

Les progrès technoscientifiques font reculer les frontières traditionnelles relatives aux droits et devoirs du citoyen : « les sujets en viennent à revendiquer comme autant de droits les possibles sans cesse accrus. Alors les espoirs se transforment en désir, les désirs deviennent revendications et les revendications se muent en exigences » (F. Vialla 2019, p. 105). Les nouveaux enjeux et logiques technoscientifiques introduisent des mutations au sein des modes d'expression de la citoyenneté et sur le rôle du citoyen africain qui doit accompagner la révolution technoscientifique.

La problématique bioéthique questionne, de façon spéciale, l'exercice de la citoyenneté, en ce sens que « chaque fois qu'une révolution technologique intervient, la question qui se pose est celle de savoir ce qui va changer et si tout va changer » (J. Delors 2004, p. 264). Les questions bioéthiques touchent fondamentalement l'exercice de la citoyenneté puisqu'elles mettent en jeu la liberté et l'égalité avec la manipulation de la personnalité et les transplantations d'organes. Elles renouvellent la question de la nationalité, essentielle à la citoyenneté, avec le brouillage de la filiation consécutif à la procréatique.

La société traditionnelle africaine est désarmée face aux nouvelles exigences de la citoyenneté qui s'accompagnent d'un rapport inédit à l'environnement, à l'humain et à la médecine. Dans ce contexte, notre objectif est de comprendre la nature des relations entre la citoyenneté et la bioéthique en Afrique, en vue de proposer des voies éthiques pour leur imbrication viable. Pour atteindre cet objectif, la question suivante sera examinée : doit-on intégrer la problématique bioéthique à la citoyenneté dans une Afrique en mutations ? La réponse à cette question centrale se fera à partir des approches historiques, évolutionnistes et critiques. La combinaison de ces approches permettra d'affirmer que, la coévolution de la bioéthique avec le droit devient un impératif pour une affirmation éclairée, lucide et constructive de la citoyenneté, qui s'inscrit dans une dynamique métastable dans une Afrique en mutations, qui fait corps avec l'univers socio-technicien. Pour fonder en raison cette thèse, nous allons instruire les questions subsidiaires suivantes : qu'est-ce qui caractérise le passage de la citoyenneté à la bioéthique (1) ? Quels sont les prodromes de la crise de la citoyenneté et la problématique bioéthique en Afrique (2) ? Comment faut-il envisager l'entrelacement des questions bioéthiques avec la citoyenneté (3) ?

1. De la citoyenneté à la bioéthique

La citoyenneté et la bioéthique ont des fondements variés. Elles ont, néanmoins, des noyaux fédérateurs capables de favoriser leur intellection. L'architectonique de la citoyenneté tient compte des normes qui impliquent des comportements, des devoirs et des droits, ainsi que le disent Andriantsimbazovina et Marguénaud : « La citoyenneté est l'ensemble des qualités morales, de devoirs civiques considérés comme nécessaires à la bonne marche de la cité, lieu où chaque personne doit accepter la règle commune. On distingue trois étapes de la citoyenneté : la citoyenneté civile qui correspond aux libertés fondamentales (liberté d'expression, égalité devant la loi et le droit de propriété); la citoyenneté politique fondée sur la participation politique (le droit de vote, le droit d'éligibilité, le droit d'accéder à certaines fonctions publiques); la citoyenneté sociale qui résulte de la création de droits socio-économiques (droit à la santé, droit à la protection contre le chômage, droit syndical, droit à l'éducation, etc.) » (J. Andriantsimbazovina, J. Marguénaud, al, 2008, p. 485).

Le civil, le politique et le social constituent des fondements de la citoyenneté qui s'actualise de façon variée dans les sociétés africaines. Ces trois catégories de citoyenneté sont questionnées de façon inédite par les problèmes bioéthiques. Il existe une convergence entre la citoyenneté et la bioéthique en ce qui concerne les questions du vivre-ensemble et de la gestion de l'intérêt général et individuel avec leur interaction parfois conflictuelle. La citoyenneté accorde des privilèges à ceux qui en bénéficient, au détriment de qui en sont exclus. Elle va de pair avec la liberté. Pour garantir la liberté, il y a des droits et des devoirs qui limitent les libertés individuelles des citoyens, pour qu'elles ne s'exercent pas au détriment de celles des autres. Dans ces conditions, les normes qui organisent la citoyenneté visent la cohésion sociale et le bien-être des individus. La citoyenneté ne peut être revendiquée de façon éclairée que si elle s'articule à une éducation relative à ses fondements et à l'exercice rationnelle et raisonnable de la liberté. Dans les sociétés traditionnelles africaines, cette éducation qui était un droit pour tous les citoyens se faisait de façon collective. C'est bien pourquoi « Aussi, l'enseignement des comportements citoyens à travers la famille, le village, la tribu, reposait-il sur l'autorité des aînés et avait pour mission de conduire les nouvelles générations dans les différentes phases de leur croissance en leur inculquant les valeurs de solidarité liées au clan, à la société en général et le respect des coutumes, à partir des contes, des proverbes, des chants, des danses et la représentation par la sculpture (usage de marionnettes) servant comme méthodes d'éducation citoyenne (G. Napo 2013, pp. 8-9).

L'éducation à la citoyenneté était du ressort de la communauté dans laquelle chaque adulte s'engageait à encadrer les cadets par la transmission des valeurs citoyennes accumulées à travers l'expérience. Cette manière d'éduquer est déstructurée par la technoscience : elle renouvelle les cadres cognitifs traditionnels au sein desquels s'exerçait la citoyenneté, qui est en pleine effervescence. Les adultes ne sont pas toujours mieux informés que les jeunes et leurs expériences antérieures demeurent, souvent, inadaptées aux questions inédites qui exigent des réponses inédites à la hauteur des défis que les technosciences lancent à la citoyenneté. L'affirmation de la citoyenneté se situe dans un contexte de mutations sociales et politiques dominées par la révolution technique, qui a pour corollaire des questions bioéthiques essentielles et existentielles. Elles introduisent des possibilités inédites de manipulation de l'intimité biologique de l'humain à travers la manipulation de l'humeur, du comportement sous la houlette de l'eugénisme utilisant les moyens biotechnologiques. Le pouvoir accumulé par les technosciences conduit à un changement de paradigme relatif à la représentation de la nature humaine et aux limites d'exercice de la liberté. Avec la technoscience, l'homme intervient, désormais activement, dans la procréation, dans le patrimoine génétique, sur le corps humain, sur le cerveau avec des perspectives transhumanistes. « L'intégration de ces conquêtes affecte la compréhension que nous avons de nous-mêmes en tant qu'êtres [libres] et responsables de nos actions » (Habermas 2002, p. 25).

Les pouvoirs de la technoscience affectent le mode d'être individuel et collectif des membres de la communauté en leur léguant de nouvelles responsabilités avec des perspectives de perturbation ou d'extension du champ de la liberté et de la citoyenneté. Ils sont arrimés à de nouveaux droits tels que le droit de procréer ou le droit à l'enfant revendiqué, par exemple, par des couples homosexuels. Nous devons gérer ces nouveautés en faisant reculer les frontières traditionnelles de la citoyenneté, au profit de la nouvelle architecture bioéthique qui la porte.

La bioéthique s'inscrit dans un contexte où le progrès technoscientifique est porteur de mutations sociétales, culturelles et cognitives, puisqu'elle provoque, parfois, du « désordre » au sein des canons cognitifs habituels d'évaluation de la citoyenneté. Elle s'intéresse aux problèmes que soulèvent, pour les êtres humains, les avancées des technosciences biotechnologiques et biomédicales. Elle est, par essence, une réflexion pluridisciplinaire et pluraliste autour de problèmes éthiques que les technosciences biomédicales et biotechnologiques posent à l'ensemble des citoyens. Gilbert Hottois l'annonce ainsi qu'il suit : « La bioéthique couvre un ensemble de recherches, de discours et de pratiques, généralement pluridisciplinaires et pluralistes, ayant pour objet de clarifier et, si possible, de résoudre des questions à portée éthique suscitées par la R&D biomédicale et biotechnologique au sein de sociétés caractérisées à des degrés divers comme étant individualistes, multiculturelles et évolutives » (G. Hottois 2004, p. 22).

Les questions éthiques générées par les technosciences biomédicales et biotechnologiques constituent le noyau de la problématique bioéthique. La citoyenneté est au cœur d'une nouvelle phase de la globalisation avec la bioéthique. Elle est le lieu de convergence entre le symbolique, le politique, le culturel et l'individu. Elle est, depuis toujours, l'objet d'appropriations diverses. Portée par les avancées biomédicales et biotechnologiques, les nouveaux modes d'expression de la citoyenneté sont structurés par la nature de nos relations à la technoscience. « La focalisation sur les produits et artefacts entraîne aussi que la science apparaît de plus en plus comme l'affaire de tout le monde : de chaque citoyen dans une démocratie, de chaque consommateur et usager sur le marché » (G. Hottois 2005, p. 50).

Le questionnement bioéthique est loin d'être seulement une affaire privée. Il intéresse la société dans son ensemble. Il serait symptomatique de la crise de la citoyenneté dans les sociétés africaines contemporaines. Cette crise s'enracine, dans une large mesure, dans les relations que les gouvernants africains et les citoyens ordinaires entretiennent avec les normativités culturelles, éthiques et juridiques dans les sociétés africaines en mutations.

2. *Crise de la citoyenneté et problématique bioéthique en Afrique*

La crise de la citoyenneté en Afrique n'est pas essentiellement engendrée par le choc déstabilisateur lié à la rencontre entre les cultures africaines et les technosciences. Elle trouve son origine primaire dans l'incivisme consacré par le non-respect de certaines lois nationales ou de certains articles de la déclaration universelle des droits de l'homme. Les efforts des gouvernements pour éduquer les individus au civisme sont, parfois, atténués par des faiblesses institutionnelles renforcées par « la corruption galopante et la cupidité » (L. Coulibaly 2014, p. 25). Les mesures de protection de l'environnement, par exemple, demeurent sans impacts significatifs et les comportements à risques sont loin de reculer sûrement. L'incivisme trouve l'une de ses sources dans le comportement de certains gouvernants, qui ne sont plus des modèles de citoyens. Dans la plupart des pays africains, la classe au pouvoir semble ne pas être concernée par les lois qui servent de repères à la citoyenneté. Pourtant, la loi doit être impartiale, impersonnelle : elle n'exige pas d'application à la carte et tous les citoyens doivent la respecter. Malgré cela, les gouvernants, censés être les garants des normes qui structurent la citoyenneté, sont les premiers à les violer. Toute dénonciation du laxisme du gouvernement est perçue comme une provocation, au point que, celui qui ose en parler, est perçu comme « un "rebelle" qui se met au travers de différents intérêts politico-économiques. D'ailleurs, cette attitude de dénonciation des choses fait de vous un "ennemi" de l'administration » (L. Coulibaly 2014, p. 26). Dans ces conditions, le respect des normes[20] bioéthiques relatives à la protection de l'environnement, par exemple, se fait à la carte, au gré des gouvernants qui sont des complices passifs ou actifs de leur violation. « En Afrique, l'ensemble de lois et de règlements qui forment la politique environnementale est généralement incomplet, obsolète et mis en œuvre de façon laxiste ou sélective (...). Beaucoup d'entreprises locales et étrangères ne respectent pas la législation nationale » (BAD, 2008, p. 182). Comment exiger, alors, des devoirs aux citoyens quand les décideurs politiques font totalement fi des leurs ? Comme l'estime Vernes, « Il faut imposer de nouveaux devoirs aux (...) pouvoirs, avant de réclamer des citoyens qu'ils fassent leur devoir. Car vouloir (...) faire l'éducation à la citoyenneté dans l'école relève aujourd'hui de la pure hypocrisie. La mesure cache les difficultés d'exister comme citoyen, et la citoyenneté est d'autant plus voulue qu'elle s'appuie sur des ressources objectives et des protections collectives » (P. M. Vernes 2003, p. 128).

La violation des lois par les gouvernants déforme la conscience citoyenne des adultes et des enfants. Le contrôle citoyen de l'action publique pour résoudre la crise écologique peine à se réaliser, parce que les citoyens, eux-mêmes, n'ont pas toujours conscience de l'impact de leurs actions sur l'environnement. Les campagnes menées par le gouvernement ivoirien pour lutter contre les feux de brousses, l'usage des sachets plastiques, ne connaît pas un grand succès, du fait de la persistance des comportements néfastes à l'environnement. La nécessité de changer d'attitude est loin de pénétrer suffisamment les comportements et les mentalités. Si les normes juridiques, qui sont par essence coercitives, sont violées qu'en sera-t-il des normes éthiques, qui recommandent une adhésion sans prétendre s'imposer ? Dans cette situation, les normes éthiques ou bioéthiques, qui ne font que des recommandations, seront banalisées ou méprisées ou encore considérées comme inutiles, donc indignes d'être l'objet de normes juridiques, sauf si leur intégration sert les intérêts de la minorité au pouvoir.

La bioéthique défend la liberté de penser, de décider et le droit à l'information adéquate. Comment réaliser cet idéal dans un contexte où les tensions sociopolitiques font que des dirigeants africains coupent

---

20 Nous pensons, entre autres, au respect de la biodiversité, au développement durable.

l'accès à internet ou aux réseaux sociaux[21] ? Le citoyen, sujet de droit, n'est reconnu comme tel qu'à partir d'une identité et par sa capacité à exercer son autonomie en tant que personne. Les différentes catégories de la personne sont brouillées par les technosciences qui investissent des dimensions essentielles de l'humain : sa constitution biophysique et psychologique. Nous pouvons nous accorder avec V. Lasserre (2017, p. 117) et poser la question suivante : « Comment protéger la personne, alors que se développent des techniques innovantes d'artificialisation du corps humain qui risquent de transformer non seulement le corps humain, mais aussi la conception même du sujet de droit ? ». Le transhumanisme, la médecine de convenance et/ou esthétique, réinventent l'identité du sujet, en manipulant des limites naturelles ou traditionnelles associées à son corps qui devient plastique. En intervenant techniquement sur le cerveau, sur l'humeur et en faisant des sélections eugéniques, la liberté des sujets ainsi manipulés, serait occultée comme le souligne Jürgen Habermas pour qui, dès que les conditions de départ de la biographie sont sous le contrôle de l'homme, c'est-à-dire quand un autre être humain peut intervenir pour manipuler à la racine la biographie d'un autre, «il est impossible de parvenir à l'égalité de principe qui conditionne nos relations interpersonnelles » (J. Habermas 2002, p. 26). Autrement dit, l'intervention biomédicale dans la biographie d'un homme place ce dernier dans une relation de subordination et d'asymétrie irréversibles, parce que le citoyen issu de ces manipulations serait le pur produit des désirs ou des phantasmes d'un autre. La question de son autodétermination se poserait, puisqu'il a été l'objet d'une prédétermination liée à l'action d'un autre individu qui le programme en fonction de ses propres finalités. Il est utile de rappeler que, les manipulations génétiques ne sont pas essentiellement liberticides. Elles contribuent à l'expression de la liberté avec la thérapie génique qui libère des individus de la captivité des anomalies génétiques en les corrigeant. Elles contribuent, ainsi, à restaurer l'égalité biologique entre les êtres humains considérés comme « normaux » et les « anormaux ». Aussi le pouvoir qui accompagne la génétique favorise-t-il une extension de la liberté, en donnant de nouvelles possibilités à l'homme d'intervenir sur son corps, sur sa

21 Des pays comme le Tchad, le Zimbabwe, le Soudan, le Congo Brazzaville, la RDC … ont coupé internet ou restreint l'accès aux réseaux sociaux pendant des périodes de crise. Il est évident que certains citoyens abusent de la liberté de parole sur les réseaux sociaux en tenant des propos relatifs à l'incivisme. Outre cela, le territoire numérique est verrouillé pour museler ou maintenir le peuple en captivité.

biographie en la modulant. Des citoyens pourraient revendiquer le droit d'améliorer les capacités physiques et/ou cognitives de leurs progénitures, de sorte que l'amélioration soit pour eux un devoir envers leurs enfants.

En outre, la procréation médicalement assistée (PMA), qui gagne du terrain en Afrique, avec des centres de PMA, touche à une institution sociale fondamentale : la famille. Cette dernière détermine l'identité sociale et juridique du sujet qui organise sa citoyenneté. Avec le don de sperme ou d'ovocyte d'une part, les mères porteuses et l'anonymat des donneurs de gamètes de reproduction d'autre part, les notions de paternité et de maternité, qui constituent l'architectonique de la filiation et de l'identité, se trouvent perturbées. Comment établir de façon fiable la nationalité de l'enfant, s'il y eu des dons de gamète avec anonymat par exemple ? Tout individu a droit à une citoyenneté et « un citoyen possède la nationalité du pays qui la lui délivre » (M. L. Setién et al. 2016, p. 172). Dans le contexte de la PMA, la citoyenneté de l'enfant est embrouillée, tant il est vrai que, dans des cultures africaines, la reconnaissance de l'enfant, ce qui lui confère des droits et devoirs, connaît des variations, des discriminations en fonction des conditions, des acteurs et des auteurs de la naissance[22].

Les préoccupations bioéthiques semblent s'accommoder d'une place secondaire dans les sociétés africaines, à cause de l'insuffisance des lois ou déclarations liées à la bioéthique. Guèye observe que, « La législation sur la bioéthique dans les États africains est encore à l'état embryonnaire malgré quelques timides avancées dans certains pays. Sur plusieurs sujets relatifs à la bioéthique, on assiste à un vide juridique » (Gueye 2012, p. 104). La dynamique de la bioéthique est grippée par « la méconnaissance quasi généralisée sur le continent noir des instruments internationaux de la bioéthique que promeut l'UNESCO [et] la faiblesse en Afrique (...) des débats sur les problèmes paradigmatiques de la bioéthique » (L. M. Poamé 2008, p. 7). Les populations, à en croire I. Gueye (2012, p. 119), ignorent, dans leur grande majorité, les problèmes bioéthiques « qui trouvent difficilement un écho dans les pays en voie de développement » en proie à des conflits armés liés à la mauvaise gouvernance démocratique. Ces conflits constituent la face extrême de la crise de la citoyenneté en Afrique. En

22 L'arbre généalogique de l'individu est parfois un critère d'attribution des rôles sociaux et aussi des privilèges. L'enfant qui a une filiation volontairement brouillée par l'usage des techniques de la PMA serait victime de discrimination.

effet, lorsque nous écartons la cupidité, les crises s'expliquent par l'absence d'égalité ou d'équité : les droits et devoirs des uns sont bafoués au profit des autres. La menace qui pèse sur la paix est préjudiciable à l'exercice adéquat de la citoyenneté, parce que la liberté qui l'accompagne ne peut se construire que dans un environnement pacifié, qui exige le respect de la personne. La citoyenneté est désincarnée en Afrique par des instabilités politiques et la manipulation des constitutions qui engendrent une crise de la citoyenneté préjudiciable à la bioéthique qui ne saurait s'exercer en vase clos.

La réflexion bioéthique transcende les frontières, même si les questions ne se posent pas avec la même acuité de l'Occident à l'Afrique. La bioéthique ne saurait être considérée comme un luxe, à l'instar de la démocratie, comme le pensent certains politiques africains qui rusent avec les organisations internationales. Suivant L. M. Poamé (2003, p. 511) « non contents de tromper le peuple, les dirigeants politiques africains veulent ruser avec les bailleurs de fonds internationaux en leur tenant le discours suivant : pour une population qui vit dans la plus grande pauvreté, l'amélioration des conditions matérielles d'existence est une préoccupation plus pressante que la liberté d'opinion sans saveur qui ne nourrit d'ailleurs pas son homme ». La liberté, déterminant essentiel de la démocratie et de la citoyenneté, ne saurait être sacrifiée en détournant les citoyens des vraies causes de la pauvreté qui s'incarnent dans la mauvaise gouvernance et le manque de transparence dans la gestion des affaires publiques.

Les questions bioéthiques ont une incidence sur l'affirmation de la citoyenneté. Elles questionnent en direction de la citoyenneté nationale et de de la citoyenneté globale, transnationale avec le phénomène des migrations et de la mondialisation. Pour un meilleur épanouissement de la bioéthique et les diverses formes de la citoyenneté, leur entrelacement productif devient un impératif.

3. *L'entrelacement des questions bioéthiques et de la citoyenneté*

La bioéthique est indispensable pour une décision et un agir citoyen. Pour parvenir à cette fin, nous devons cheminer vers de nouveaux contrats sociaux. Cela passe par une éducation et un éveil des citoyens à la bioéthique, dans les pays africains caractérisés par un pluralisme axiologique, dans un monde où les canons de la citoyenneté tendent à s'universaliser, ainsi que le soulignent Setién et al. : « La mondialisation a miné l'autonomie des États-Nations et la théorie de la citoyenneté cosmopolite s'est développée dans le cadre du mouvement visant la prise de conscience de la reconnaissance de notre responsabilité globale, à tous les habitants de la planète, envers des problèmes sociaux qui nous touchent tous, tel que la croissance de la pauvreté et la dégradation de l'environnement. Cette théorie propose de penser un monde où tous les individus, du seul fait d'être Humain, puissent être reconnus comme des citoyens » (M. L. Setién et al., 2016, p. 172).

La citoyenneté, dans ces conditions, transcende le cloisonnement des nations, pour tendre vers l'universalisation. « En ce sens, les droits Humains universels seraient au-dessus des droits nationaux et la condition d'être humain serait prioritaire devant la condition de citoyen de la nation » (M. L. Setién et al., *ibid.*, p. 172). On assisterait au refus de l'enfermement des droits au sein d'un territoire au profit de l'humanité. L'Unesco n'exige-telle pas qu'« Établir et partager à l'échelle mondiale les normes, règles et pratiques bioéthiques est capital non seulement pour que chaque citoyen puisse mesurer les conséquences des avancées scientifiques sur sa vie et sur celle de sa communauté, mais également pour qu'il puisse prendre part au développement des sciences de la vie et des politiques de santé et bénéficier de ses retombées » (Unesco, 2015).

Les frontières de la citoyenneté sont à chercher dans le progrès hallucinant des technosciences biomédicales caractérisé par leur impérialisme triomphant et une logique identitaire, cognitive en mutations, avec des perspectives de promotion d'une santé parfaite ouvrant les perspectives d'une nouvelle citoyenneté : la biocitoyenneté. La biocitoyenneté est « une forme de citoyenneté centrée sur la politisation de la santé individuelle et sur l'émergence de revendications identitaires reliées à des questions d'ordre biomédical » (C. Lafontaine 2014, p. 19). La biocitoyenneté s'incarne dans le don des éléments ou produits du corps, pour la construction d'une autre identité. Ce don part du don de sang au don d'organes. Les dons constituent l'expression d'une solidarité sociale fondée sur le partage des organes ou des produits du corps humain. Cette solidarité active trouve un écho favorable dans la participation à l'expérimentation humaine, qui serait une action citoyenne en faveur des avancées biomédicales et à l'amélioration globale de la santé des concitoyens. La biocitoyenneté consiste à « amener chaque citoyen à s'investir personnellement dans la recherche biomédicale » (C. Lafontaine *ibid.*, p. 139). Il s'agit, pour l'individu, de contribuer à des projets de recherche en partageant ses risques et aussi ses avantages lorsqu'il peut en profiter ou lorsque ses concitoyens peuvent en tirer des avantages sanitaires, par exemple.

La justice est indispensable à la participation à l'expérimentation humaine, à l'accès et à la répartition des bienfaits de la recherche biomédicale. Elle constitue un contre-pouvoir à la reproduction et au renforcement des inégalités sociales, ainsi que le prescrit l'Unesco : « Il incombe aux scientifiques, aux gouvernements et à l'industrie de faire en sorte que les résultats de la recherche scientifique et technologique contribuent au progrès économique et social des pays en développement, et non des seuls pays industrialisés » (UNESCO, 2008, p. 64). La biocitoyenneté ne saurait être un motif pour renforcer les inégalités, elle permet aux Africains de contribuer à la recherche biomédicale, en partageant ses risques mais aussi ses bénéfices. La biocitoyenneté participe à la perpétuation de l'humanité, en ouvrant des perspectives pour la survie de l'individu, du groupe et donc de l'humanité. Elle converge avec des exigences bioéthiques relatives à l'écocitoyenneté. Cependant, la gouvernance médiocre des ressources naturelles en Afrique, avec pour corollaire la malédiction des ressources naturelles, n'est-elle pas un obstacle à l'écocitoyenneté ? Si la justice intragénérationnelle n'est pas réalisée, le souci des générations futures accompagnant la citoyenneté écologique sera gangréné. En toute cohérence, on ne peut se soucier des générations futures, qui n'existent pas encore, si nous n'avons pas d'empathie pour les générations présentes, en les aidant à quitter leurs vulnérabilités. Quelles sont les limites de l'exercice de la citoyenneté ? Faut-il, à l'instar du patriotisme, sacrifier sa vie ou les conditions de sa survie sous prétexte d'être biocitoyen ou écocitoyen ?

La biocitoyenneté et l'écocitoyenneté comportent des risques relatifs à l'égalité et à la liberté[23]. Ces risques pourraient se traduire par l'exploitation des populations africaines vulnérables au profit des gouvernants ou des pays occidentaux. Le trafic d'organes humains du Sud vers le Nord peut être renforcé si on n'y prend garde. La justice environnementale intragénérationnelle serait menacée par une distribution inique des ressources naturelles. L'exploitation de certaines essences forestières est, par exemple, interdite aux populations par la

---

23 La vulnérabilité des populations pauvres pourrait être exploitée en leur proposant de donner ou de vendre leurs organes aux plus nantis. Même si cela se fait avec leur consentement, que vaut la liberté d'un individu, lorsque sa vulnérabilité est exploitée pour obtenir son consentement ?

loi, pourtant des dirigeants violent ces dispositions en complicité avec des firmes internationales, au détriment des populations[24]. Pour réduire ces injustices et promouvoir la liberté des citoyens africains, la mise en œuvre de nouvelles formes de citoyenneté à travers la culture technique devient une urgence. « Certes, il est déplacé de demander à quelqu'un de parler de ce qu'il ignore. Mais on peut lui demander s'il a le droit de continuer à l'ignorer » (G. Hottois 2005, p. 50). La citoyenneté s'engage dans une aventure soumise à des conjonctures et dénuée de transparence pour la plupart des citoyens. S'ils ne peuvent prendre position de façon éclairée sur les questions liées à la citoyenneté du fait de leur ignorance, ils ont le devoir de quitter cette posture grâce à la culture technique.

L'exercice de la citoyenneté ne serait pas viable sans « un minimum de culture démocratique et technique favorisant une compréhension des enjeux, des problèmes de fonds sur lesquels le citoyen ordinaire est appelé à délibérer. Sa participation aux affaires publiques doit être favorisée par une éducation permettant d'articuler dans le respect du pluralisme et dans un esprit de coopération et de paix ses revendications en défendant ses points de vue pacifiquement » (K. V. Ekpo 2016, pp. 221-222). La réalisation de la responsabilité citoyenne au sein de l'univers socio-technicien suppose une culture technique visant à transmettre des connaissances relatives à la technique et à son mode de fonctionnement. Elle contribue à combler le déficit de connaissance et de compréhension du phénomène technique nécessaire à la promotion des valeurs citoyennes.

La culture technique favorise la lutte contre l'expertocratie, en aidant le citoyen à participer aux prises de décisions. De la même manière que des individus sont exclus de la citoyenneté pour diverses raisons, d'autres le seront davantage par déficit de culture technique. Ils seront les handicapés du progrès rejetés par la « sélection technique ». La mise en œuvre de développement de mécanismes de promotion de la bioéthique est un devoir des gouvernements africains envers leurs citoyens. Il est question d'aider les citoyens à exprimer leur autonomie pour prendre position, de façon éclairée, sur des questions bioéthiques qui phagocytent progressivement les cadres traditionnels d'exercice de la citoyenneté. Demuth-Labouze propose ainsi que « Dans ce contexte,

24 Le Kosso a été exploité en Gambie, au Sénégal, au Togo, au Bénin, parfois, au détriment des normes d'exploitation. Selon le Journal *Le Monde* du 03 novembre 2017 à 16h46, au Nigéria l'ex-ministre de l'environnement, Amina J. Mohammed, aurait joué un rôle dans le trafic de cette essence.

une approche [salutaire de l'autonomie] (...) pourrait consister en la diffusion d'une culture de réflexion éthique à l'ensemble des citoyens au moyen d'un éveil des futurs citoyens à la bioéthique. Cet éveil démocratisé à l'éthique permettrait à chacun d'appréhender la vulnérabilité, de l'anticiper et, par là même, de l'amoindrir ; il lui permettrait également de gagner en autonomie et en responsabilité, dans et au-delà du domaine de la santé (K. Demuth-Labouze 2017, pp. 77-90).

En Afrique, plusieurs élèves sont initiés à l'éducation à la citoyenneté avec l'instauration des cours d'éducation civique et morale dans les établissements scolaires. Cette volonté de l'État est accompagnée par des organisations de la société civile, à travers des campagnes de sensibilisation à la citoyenneté. Pour que ces pratiques soient en phase avec l'actualité de la citoyenneté, dans l'univers socio-technicien, on pourrait utiliser comme levier l'outil pédagogique développé par le Conseil de l'Europe. Cet outil s'adresse notamment aux enseignants de biologie, de philosophie ou d'éducation civique, pour les classes de la 3e à la terminale. Il favorise la formation des « élèves à une démarche participative, fondamentale dans l'éducation à la citoyenneté, en organisant un débat éclairé et pluridisciplinaire sur des questions de bioéthique » (Conseil de l'Europe, 2010). Cette alternative doit être renforcée par le soutien des comités d'éthiques en Afrique. Ils peuvent aider l'État et les citoyens en aiguisant leurs sensibilités aux questions bioéthiques.

Dans les sociétés traditionnelles africaines et dans l'Afrique en mutations, bien qu'atténués avec la démocratie et l'évolution des mentalités, la gérontocratie et le droit d'ainesse continuent de donner du sens et d'orienter l'action collective. Cela fait courir le risque de laisser les questions bioéthiques aux mains des vieux où des aînés, sous prétexte qu'ils savent mieux ce qu'il convient de faire. La tentation est grande qu'ils confisquent la parole en imposant leur point de vue, non pas par l'autorité de l'argumentation, mais par celle de l'âge. Pour parer à cette éventualité, la coéducation intergénérationnelle devient un impératif productif : « les jeunes formant les plus âgés à leurs outils ; les séniors aidant les jeunes à faire le tri des informations qu'ils reçoivent en permanence » (J. de Rosnay 2018, p. 144). La co-éducation est indispensable, parce que les aînés sont plus déconnectés de l'actualité technoscientifique que les jeunes. Ces derniers ont généralement plus d'informations relatives à l'évolution technique à travers internet ou les réseaux sociaux. Il est question de fédérer les connaissances nouvelles, technoscientifiques, avec les connaissances traditionnelles, en faisant un tri avec les aînés sans que ceux-ci veuillent imposer leur point de vue par l'autorité de l'âge au détriment de celle de l'argumentation. Cela favorisera un renouvellement normatif pacifique des frontières de la citoyenneté.

En somme, les anciens doivent humblement se former auprès des jeunes et de ceux qui disposent d'une connaissance adéquate du phénomène et de l'actualité technique, tandis que les jeunes doivent courageusement se mettre à l'école des aînés. « Ce dont nous avons besoin, ce n'est pas tant des biens communs [...] fondés sur la jouissance, mais des façons d'être en commun, qui refusent à toute structure asymétrique de pouvoir, favorisent le plein épanouissement de chacun et respectent le principe inaliénable de notre pluralité » (É. Sadin 2018, p. 271). Le dialogue des générations sera un cadre de renouvellement de la citoyenneté en allant à la rencontre de l'autre et de la technoscience.

Conclusion

Les technosciences biomédicales entrainent l'Afrique dans une aventure inédite, comportant des espoirs et des risques relatifs à l'émancipation et à l'égalité. Elles interrogent les valeurs de justice, de liberté, de dignité et d'exercice de la citoyenneté dans les États africains. Elles génèrent des questions bioéthiques, qui intéressent tous les citoyens à des degrés divers. Chacun devrait être, alors, partie prenante dans les débats permettant d'aboutir à une prise de décision raisonnable. Les sages, les penseurs, les intellectuels, les groupes minoritaires, les scientifiques, les représentants des courants de pensée religieux, ont leur place dans le débat. Leur participation et l'altérité de leur approche permettent de jauger l'épaisseur des défis relatifs à la citoyenneté en Afrique. Leur rôle consistera à trouver une pédagogie consensuelle pour la défense des droits de l'homme et de la démocratie en Afrique, en vue de la domestication de la violence préjudiciable à l'exercice de la citoyenneté qui doit s'articuler à la bioéthique dans les sociétés africaines contemporaines.

Les Africains doivent s'approprier les questions bioéthiques, en vue de les intégrer sur des bases pacifiques et consensuelles à la citoyenneté. Ils ne méritent pas de se situer en marge des nouveaux défis relatifs à la citoyenneté dans l'univers socio-technicien. Ceux-ci exigent l'élaboration et la diffusion d'un esprit éthique libéré de l'individualisme possessif permettant de promouvoir des élans de solidarité au sein de la famille humaine. Il est impératif de communiquer sur les risques et les bénéfices de la technoscience, pour que chaque citoyen se fasse une opinion pour exercer de façon adéquate sa liberté indispensable pour une affirmation ou une revendication de la citoyenneté.

Références bibliographiques

ANDRIANTSIMBAZOVINA, Joël, MARGUÉNAUD, Jean-Pierre, RIALS, Stéphane et SUDRE, Frédéric (2008), « Article 1er de la Convention de New York du 28 Septembre 1954 », in *Dictionnaire des Droits de l'Homme*, Paris, Coll. « Quadrige », PUF.

BAD (2008), *Les Ressources Naturelles au Service du Développement Durable de l'Afrique. Rapport sur le développement en Afrique 2007,* Paris, Economica.

CONSEIL DE L'EUROPE (2010), *Questions de bioéthique - Fiches éducatives,* Strasbourg, Editions du Conseil de l'Europe http://book.coe.int

COULIBALY, Lacina (2014), *Côte d'Ivoire : l'environnement est-il compromis ?* Abidjan, CERAP.

DELORS, Jacques (2004), « Vers l'éducation pour tous tout au long de la vie », in Jérôme Bindé (dir.) Entretiens du XXIe siècle, Paris, UNESCO.

DEMUTH-LABOUZE, Karine (2017), « L'éveil des futurs citoyens à la bioéthique : enjeux et faisabilité », *Revue française d'éthique appliquée*, vol. 3, no. 1.

EKPO, Kouadio Victorien (2016), « Démocratie et bioéthique : le lien social en question dans le technocosme africain » in *Cahiers de l'IREA (Institut de recherches et d'études africaines), Autour du politique*, N° 1, Paris, L'Harmattan.

GUEYE, Ibrahim (2012), *Les normes de la bioéthique et l'Afrique*, Paris, L'Harmattan.

HABERMAS, Jürgen (2002), *L'avenir de la nature humaine, vers un eugénisme libéral ?* trad. Christian Bouchindhomme, Paris, Gallimard.

HOTTOIS, Gilbert (2004), *Qu'est-ce que la bioéthique ?,* Paris, Vrin.

HOTTOIS, Gilbert (2005), *La science, entre valeurs modernes et postmodernité*, Paris, Vrin.

LAFONTAINE, Céline (2014), *Le corps-marché*, Paris, Seuil.

LASSERRE, Valérie (2017), « Quels risques et quelles responsabilités juridiques liés à l'artificialisation du corps ? », in *Archives de philosophie du droit*, Tome 59, Vers de nouvelles humanités ? Paris, Dalloz.

NAPO, Gbati (2013), « Du processus de démocratisation à la crise de citoyenneté et des institutions de socialisation », in *Revue Perspectives & Sociétés*, vol. 5 N° 1&2, éditée par le Carrefour Africain de Recherche et d'Échanges pour le Développement.

POAMÉ, Lazare Marcellin (2003), « Système technicien, mondialisation et démocratie en Afrique », in Josiane Boulad-Ayoub et Luc Bonneville (dir.), *Souveraineté en crise*, Paris, L'Harmattan.

POAMÉ, Lazare Marcellin (2008) (dir.), *La promotion de la bioéthique en Afrique*, Abidjan, PUCI.

SADIN, Éric (2018), *L'intelligence artificielle ou l'enjeu du siècle : Anatomie d'un antihumanisme radical*, Éditions L'Échappée, Paris.

SETIÉN, Maria Luisa et al., (2016), « Une citoyenneté basée sur les droits sociaux : migration et réseaux transnationaux sud-nord et sud-sud », in Laaroussi Michel Vatz (dir.), *Dynamiques familiales, socio-juridiques et citoyennes dans la migration*, Paris, L'Harmattan.

UNESCO (2008), *Cours de base de bioéthique, section 1 : syllabus programme d'éducation en éthique*, Paris, Unesco.

UNESCO (2015), *La Bioéthique à l'UNESCO : faire de la bioéthique l'affaire de tous*, Code du document : SHS/2015/PI/H/9, https://unesdoc.unesco.org/ark:/48223/pf0000234280_fre. Consulté le 10 octobre 2019.

VERNES, Paule-Monique (2003), « La disparition du citoyen et les zones du non-droit », in Josiane Boulad-Ayoub et Luc Bonneville (dir.), *Souveraineté en crise*, Paris, L'Harmattan.

VIALLA, François (2019), « Le droit à la poursuite de la bioéthique : une tortue à la poursuite d'un lièvre ? », in *Revue de droit d'Assas*, N° 18, Paris, Lextenso éditions. En ligne : www. u-paris2.fr.

Technoscience, risque transcendantal et éthique de l'espèce humaine

Komi KOUVON et Yaou Gagnon ALI
Université de Lomé, Togo

Résumé

Ce texte considère que la technoscience, dans sa dynamique opératoire, se saisit de l'homme et le soumet à la transformation, à la manipulation et à la mutation. Ce faisant, la technoscience comporte le risque transcendantal qui est la remise en cause des conditions transcendantales sans lesquelles l'homme ne peut plus continuer à s'appréhender et se comprendre comme un être libre, autonome et responsable. L'obligation de préserver les conditions transcendantales d'une vie humaine digne est, par conséquent, l'horizon de l'éthique de l'espèce humaine.

Mots clés

Ethique de l'espèce humaine, risque transcendantal, technoscience, transformation génétique, vie digne.

Introduction

La conscience des risques qui accompagnent malheureusement les dynamiques technoscientifiques invite à une relecture du paradigme de l'appropriation de la rationalité scientifique en Afrique. Il est vrai qu'il s'est imposé dans la conscience africaine, depuis les années 1960, que le développement du continent, pour une véritable indépendance, requiert la maîtrise des sciences et des technologies modernes. Ce postulat s'inscrit bien dans la perspective baconienne et cartésienne selon laquelle la science devenant puissance conduit à la félicité des hommes et des sociétés. Cette idéologie, qui associe le progrès des sciences et techniques au progrès social, a nourri les sociétés industrielles. Toutefois la dynamique contemporaine des sciences et des technologies oblige à un tout autre rapport : l'ambivalence du progrès scientifique. Le concept de « société de risque » traduit bien cette évolution contrastée des sciences et des technologies. C'est dans ce contexte que se comprend l'idée selon laquelle l'appropriation de la rationalité scientifique exige non seulement la prise en compte de l'ethos socio-culturel des sociétés africaines, mais aussi la conscience des risques. Les sociétés africaines sont particulièrement interpellées par le risque transcendantal que comportent les dynamiques technoscientifiques. En effet, la science contemporaine ou la technoscience introduit un rapport opératoire de production, de transformation et de manipulation non seulement à la nature mais aussi à l'homme. Ainsi, avec les biotechnologies contemporaines, la science contemporaine annonce la modification de la nature interne de l'homme. Les biotechnologies servent au décryptage et à la manipulation du génome humain. En modifiant la nature interne de l'homme, la technoscience comporte le risque transcendantal au sens d'altération des conditions de possibilité d'une vie humaine autonome et responsable. La question qui structure et oriente ce texte se formule de la façon suivante : En quel sens dans sa dynamique opératoire, la technoscience comporte le risque transcendantal ? Ce texte défend l'idée selon laquelle la technoscience, par l'entremise de la transformation génétique de l'homme, comporte le risque transcendantal en ce sens que, par la manipulation et la modification du génome humain, elle détruit les conditions transcendantales par lesquelles l'homme s'appréhende et se comprend comme un être libre, autonome et responsable. On reconnaîtra au moins deux de ces conditions à savoir l'intégrité du corps et du génome ainsi que la communication. C'est dire que l'intégrité corporelle et génomique fait partie des conditions transcendantales de la liberté et de l'autonomie de l'homme. Ainsi, face à la dynamique opératoire de la technoscience et les aboutissants de ses prouesses avec la génétique, seule une éthique de l'espèce humaine peut restituer l'homme dans ses conditions transcendantales sans lesquelles il perd sa conception normative actuelle. Il en résulte la nécessité d'un ajustement des trajectoires de la rationalité technoscientifique afin de conserver pour l'être humain, les conditions transcendantales d'une vie humaine digne.

1. *Technoscience et transformation génétique de l'homme*

Réfléchissant sur la technique, J. Ellul (1954, p. 352) a pris très vite conscience de la spécificité de la technique. Il le note en ces termes : « l'homme de notre société n'a aucun point de référence intellectuel, moral, spirituel à partir de quoi il pourrait juger et critiquer la technique ». La spécificité du système technique rend obsolète la grande expérience du passé humain qui est une expérience de signes et de symboles. Dans le monde contemporain, la technoscience, en se distinguant radicalement de la passivité de l'observation empirique ou de la contemplation spéculative propre au monde traditionnel, aborde la nature par l'entremise de l'opératoire du calcul et des instruments qui contraignent l'objet naturel. La technoscience rend opaque et ouverte toute expérience humaine. Opaque parce que ses innovations sont imprévisibles et non anticipables. Ouverte parce qu'il n'existe pour elle, ni de limite ni d'interdit au nom de quelque valeur ontologique. Dans la dynamique qui est la sienne, elle connaît des mutations dont la majeure se découvre avec les biosciences et biotechnologies qui s'investissent dans la traque et la manipulation de la nature humaine dont le « technocorps[25] » constitue un exemple tangible.

En réalité, la technoscience est fondamentalement déstabilisatrice de la nature biologique de l'homme. À bien des égards, la nature biologique de l'homme est manipulée par la technoscience contemporaine. Pour asseoir l'assise scientifique de cette affirmation, tâchons de porter un regard sur la manipulation du processus vital du vivant, laquelle manipulation va de la conception du fœtus au vieillissement et à la mort. Dans ce sens, on peut noter les banques de spermes qui sont destinées à la commercialisation ; la conception in vitro avec des « bébé-éprouvettes ». Cette manipulation du cycle vital se fait encore sentir davantage avec la parthénogénèse expérimentale, le gel des embryons ainsi que leur réimplantation sans oublier la conception par des parents multiples notamment avec les mères conceptrices et les mères porteuses. Toutes ces pratiques technoscientifiques affectent profondément la naissance naturelle de l'enfant. De la naissance naturelle, on arrive à la naissance technique

---

25 Nous empruntons cette expression à Brigitte Munier (2014). Ce concept évoque la problématique de la technologie appliquée au corps. Cette problématique, qui traverse les concepts comme transsexualisme, transhumanisme et posthumanisme, s'organise aujourd'hui autour de trois axes majeurs : l'extension, l'hybridation et la transformation de l'espèce humaine. Le premier axe rend compte de l'extension du corps dans le cyberespace et les mondes virtuels à l'aide des technologies nouvelles et constitue un cadre où s'affirme avec radicalité la mutation contemporaine de la technoscience. Le second axe se rapporte à l'hybridation du corps et de la technologie, dont la figure du cyborg est le prototype, hybridation qui réunit notamment la médecine et les NBIC (nanotechnologies, biotechnologies, informatique, sciences cognitives). Le troisième axe, enfin, porte sur la transformation technologique du corps humain conduirait, à terme, selon ses défenseurs, à une post-humanité.

médiatisée par les réalisations technoscientifiques. Ainsi, l'enfant est, déjà à la naissance, un produit de la technoscience plutôt que celui de la « physis ». Dans la perspective de cette idée développée se situe la reproduction par clonage donnant lieu à la reproduction asexuée, étrangère à toute sexualité qui est une négation de la différence individuelle. Dans cette logique, la médiation technoscientifique de la reproduction est, dans une certaine mesure, annihilatrice du vieillissement et de la mort. Puisque, « l'individu est capable d'engendrer indéfiniment des copies génétiques exactes de soi » (G. Hottois 2018, p. 107).

L'analyse des mutations de la technoscience, lorsqu'elles se rapportent à la manipulation de la nature interne de l'homme atteint son paroxysme avec les manipulations génétiques. Les transformations génétiques soumettent l'individu à un conditionnement. La vie de la personne modifiée est orientée techniquement et sa biographie est définie par les autres. Cette orientation de la vie de la personne modifiée est irréversible, c'est-à-dire qu'elle est telle que, à aucun moment de son l'histoire, la personne modifiée ne peut faire un retour sur sa biographie. Ainsi, lorsque les parents modifient les gènes de leurs enfants, ces derniers sont conditionnés à devenir de manière irréversible, les types de personnes que leurs parents veulent. De ce fait, la personne humaine n'est plus une donnée naturelle mais un produit de la science.

La technoscience s'inscrit ainsi dans une transformation de l'essence génétique de l'homme. Le code génétique humain est responsable, exception faite des influences de l'environnement, de l'évolution naturelle et biologique de l'homme. Avec la rationalité technoscientifique, l'idéologie et l'éthique de la performance humaine visent, à travers les implants techniques, la transformation technologique de l'essence génétique de l'homme. Ce que la technoscience rend possible dans ces conditions, c'est la mutation de l'espèce humaine vers une « espèce mi-humaine mi-machine » voire vers une espèce totalement technoscientifique qui ne partage rien de commun avec l'espèce biologique. L'ère du surhomme évoqué par G. Hottois postule dans cette direction, sans commune mesure, de la mutation post-biologique et post-génomique de l'homme.

De ce fait, l'homme n'est plus considéré comme le terme de l'évolution mais le produit mutationnel de l'évolution. L'homme, dans la dynamique opératoire de la technoscience et de ses réalisations, est passible de nouvelles mutations sans aucun lien avec les métamorphoses internes de l'essence naturelle-culturelle de l'humanité relevant de l'évolution historique. L'humanité dans cette logique, n'est plus une essence stable, une nature donnée qui s'accomplirait dans le futur par une histoire et une mutation symbolique ou ontologique. Elle est devenue, de toute évidence, une « species technica »[26]. Ce sont là, de sauts évolutifs de l'espèce humaine radicalement différents de la transformation naturelle-culturelle et historique de l'humanité. Dans cette perspective technoscientifique opaque et ouverte, la distinction entre ce qui est donné et ce qui est fabriqué, entre le subjectif et l'objectif s'estompe. Puisque la technoscience projette une plasticité ouverte et opaque de l'espèce humaine. Ces possibles technoscientifiques sont cumulatifs et projettent une altérité de plus en plus éloigné de l'homme naturel-culturel. Les transformations technoscientifiques de la génétique humaine sont des actes de prise de pouvoir sur l'humain et « touche les conditions nécessaires à une vie autonome » (J. Habermas 2002, p. 75). Ces transformations génétiques comportent le risque de remise en cause des conditions nécessaires à la liberté, à l'autonomie et à l'égalité des hommes.

2. Transformation génétique de l'homme et risque transcendantal

Il est advenu à la suite du développement précèdent que la technoscience conduit, dans ses différentes mutations contemporaines, dans la transformation génétique de l'homme et ouvre, par là même, la possibilité d'une mutation post-biologique de l'homme. Dans cette perspective nouvelle de la technoscience, elle s'accompagne du risque

---

26 Nous empruntons ce terme à G. Hottois. Dans cette expression, G. Hottois indique qu'avec la technoscience, toute espèce sort d'une expérience existentielle naturelle et biologique. Mais c'est avec l'homme que cette nouveauté, advenue avec la rationalité opératoire de la technoscience, a atteint son paroxysme. L'homme, sous l'influence de l'opérativité technoscientifique, est modifié, remodelé et transformé dans ce qu'il a de plus unique et singulier, son code génétique. L'enjeu philosophique de cette réalité contemporaine est d'une part, le saut qualitatif et ontologique de l'homme qui tient au fait que, de l'évolution naturelle par l'entremise des dispositions biologiques naturelles et sociales, il arrive à une évolution technique. Dans un autre sens, le second enjeu philosophique, qui passe à coût sûr pour le plus important comme nous le verrons, tient au fait qu'avec cette mutation, les conditions d'une existence humaine authentique sont remises en cause, c'est-à-dire les conditions qui garantissent à l'homme sa capacité d'être et de se comprendre comme un « être libre, autonome et responsable ».

transcendantal. Le risque transcendantal désigne toutes les menaces qui touchent les conditions de possibilité de l'homme en tant qu'être autonome, libre et responsable. Ce risque transcendantal est bien distinct du risque symbolique dont H. Jonas (1990 ; 2000 ; 2001) fait mention dans sa lecture de l'évolution contrastée de la technoscience. Selon H. Jonas, la technoscience, dans son progrès toujours contrasté, conduit à l'altération de l'image symbolique et métaphysique de l'homme. Cependant, dans un monde séculier et pluraliste, il convient de ne pas fonder la normativité sociale et humaine sur un socle métaphysique (Y. G. Ali, 2018).

Ce qui est indiscutable avec la technoscience contemporaine, c'est qu'avec l'avancée de la génomique et de la biologie moléculaire, l'on découvre la plasticité intégrale de l'homme au point qu'on est tenté de penser que « ce n'est pas la nature humaine qui dicte ce que nous devrions être, c'est ce que nous sommes qui dit ce qu'est la nature humaine » (M. Hunyadi 2004, p. 26). De ce fait, la technoscience contemporaine, à travers les biosciences et les biotechnologies, intervient sur la nature organique de l'homme, sur la nature humaine avec un but qui, notons-le en sus, n'est pas dans la perspective thérapeutique ni dans celle de « l'évitement » des malformations morphologiques graves mais dans une perspective, sans commune mesure, d'amélioration, de modification et d'augmentation généralisée de l'homme pour des fins préférentielles, économiques voire politiques. Ce qui en résulte et qui était implicitement visé mais qui aujourd'hui s'affirme de façon explicite et assez crûment, c'est le rejet (la déchéance) de l'homme naturel-culturel au profit d'une vision parfaite et post-biologique de l'humain.

Les possibilités, « catégorialement nouvelles », que cette nouvelle perspective d'intervention sur le génome humain et sur la nature humaine en général offre, éprouvent négativement la compréhension moderne de l'homme en tant qu'être autonome et libre. Ces interventions technoscientifiques sont nouvelles parce que, jusqu'à une époque récente, le patrimoine génétique des enfants (et de tout homme) et en conséquence les conditions organiques du début de toute vie humaine, de toute « future biographie » étaient exempt de quelque intervention technique et de toute manipulation et programmation « intentionnelle » des autres. Cette exemption de toute manipulation offrait à la personne humaine future, sans nul doute, la possibilité de « soumettre son histoire personnelle à un jugement critique et à une critique rétrospective » (J. Habermas 2002, p. 26).

Ce qui transparaît dans ce paradigme d'expérience biographique de l'homme, maintenant classique dira-t-on, c'est la possibilité ouverte d'appropriation, de critique et d'autocritique, de remise en cause et de reconstruction permanente de la vie humaine. Les interventions technoscientifiques sur le génome humain offrent à l'humanité la possibilité de sortir de ce paradigme et l'installent de ce fait, dans un nouveau paradigme, celui de la fixation définitive et irréversible de la biographie du nouveau-né. À travers ces interventions technoscientifiques, génétiques bien-sûr, la future biographie est privée de toute possibilité d'appropriation critique, de rapport critique et de reconstruction permanente de sa vie, de son histoire et de son être (de son existence personnelle). Alors que, dans les conditions organiques biologiques et naturelles, la biographie humaine est telle que chaque individu peut s'approprier de façon critique et permanente l'histoire personnelle et « l'assumer en responsabilité ». Ainsi, à l'aune des biotechnologies, se construit dans le monde contemporain, la « constitution originaire hétéronome de soi » et ceci rend factuel l'exercice formel de l'autonomie individuelle.

Le risque transcendantal que contient la technoscience réside en ceci que, pour J. Habermas (2002, p. 44.), la biotechnologie menace la compréhension éthique que l'espèce humaine a d'elle-même, laquelle compréhension dépend du fait que « nous puissions continuer à nous appréhender comme des auteurs sans partage de l'histoire de notre vie et nous reconnaître comme des personnes agissant de manière autonome ». La transformation génétique ne garantit pas une vie autonome à la personne à naître. Car, à travers le génie génétique, elle introduit dans la nature humaine un conditionnement génétique irréversible. Puisque, la biotechnologie produit « des faits accomplis sur lesquels il est impossible de revenir d'un point de vue normatifs » (J. Habermas 2002, p. 33.). De ce fait, dans ce paradigme de fixation définitive et irréversible de la biographie et de l'histoire du nouveau-né, la capacité d'être soi-même et l'égalité entre les hommes qui fondent les relations interpersonnelles et sociales sont remises en cause.

Parmi les conditions transcendantales de l'autonomie humaine que la technoscience, par l'entremise de la transformation génétique de l'homme, remet cause, il faut inscrire d'abord le corps. L'intégrité corporelle est une condition transcendantale de la liberté et de l'autonomie humaine. L'homme est son corps. Ainsi, toute modification que le corps subit est une modification de tout l'être. L'homme est indissociable de son corps. Une lecture assez poussée de cette compréhension corporelle de l'individualité et de l'humanité est perceptible chez Hans Georg Gadamer (1998). Selon H. G. Gadamer, la pensée humaine coexiste avec son corps au point que l'homme est inséparable de son corps. C'est pour préciser l'indissociabilité du corps et de l'individualité qu'il écrit : « Corps et corporéité, ce doublet sonne presque comme un jeu de mots, de la même manière que corps et vie ; il acquiert ainsi pour nous une présence littéralement magique. Il symbolise l'impossibilité absolue de dissocier le corps de la vie. On pourrait même se demander s'il y aurait encore une question de l'âme et un discours sur l'âme sans l'expérience de la vitalité du corps et de son délabrement » (H-G. Gadamer 1998, p. 82).

Cette position de H-G. Gadamer montre que, le corps et la raison ne sont pas des entités distinctes. Il est contreproductif d'imaginer un homme sans corps. Toute irruption de l'homme dans le monde se fait par l'entremise d'un corps. L'homme s'aperçoit à travers son corps, non comme une boite mais fondamentalement comme un élément constitutif de son être. L'homme est sa nature « somatique », c'est-à-dire son corps et son expérience corporelle. De ce fait, en modifiant le corps humain d'une manière irréversible, la technologie génétique remet en cause la rationalité et la liberté humaine. La technologie génétique, à travers son intervention sur la constitution physiologique de l'homme, modifie « la compréhension que nous avons de nous-mêmes en tant qu'êtres d'essence générique » (J. Habermas 2002, p. 73.). Ainsi, L'intervention sur le génome humain devient une maîtrise de soi-même, du corps et de la liberté humaine. Les modifications génétiques du patrimoine héréditaires entrent ainsi en conflit avec « la liberté éthique » des personnes modifiées en ce qu'elles limitent pour ces personnes génétiquement modifiées, aussi bien les possibilités d'une vie humaine autonome que les conditions d'une « relation égalitaire à autrui ». L'homme ne peut développer une identité personnelle qu'à condition d'avoir une « intégrité physique » et génétique.

En outre, parmi les conditions transcendantales remises en cause, il convient d'insister sur la communication. L'homme est aussi un être de langage. Il apparaît que l'homme est un animal de « communication, un sujet communicationnel ». La technoscience notamment le génie génétique par exemple remet en cause les conditions de la communication interpersonnelle. Parce qu'entre les parents et les enfants modifiés, il y a asymétrie des conditions transcendantales de toute communication interpersonnelle. La communication est une relation intersubjective entre les interlocuteurs. Mais, cette relation s'établit quand les interlocuteurs s'entendent sur les normes et les conditions des « actions à entreprendre ». L'action communicationnelle ou ce qu'il faut appeler avec J. Habermas « l'agir communicationnel », est médiatisée par l'argumentation. Ainsi, la communication interpersonnelle suppose la capacité de tous les partenaires de pouvoir critiquer, remettre en cause les arguments, les « énoncés » et les « propositions » des autres partenaires de l'argumentation. Cette affirmation témoigne à rebours que la communication véritable ne s'établit qu'entre au moins deux sujets égaux qui jouissent des mêmes capacités. Ainsi, dans l'agir communicationnel, chaque partenaire dispose de la capacité d'approuver ou de critiquer les propositions des autres. La participation à l'argumentation interpersonnelle suppose donc la liberté de critiquer ou d'approuver et de faire des propositions. Cela exprime fondamentalement que, dans l'action communicationnelle, les partenaires sont libres et égaux. C'est précisément cette liberté et cette égalité que le conditionnement irréversible des modifications remet en cause. En effet, avec les modifications génétiques, l'enfant perd toute capacité de discuter avec les autres comme avec des égaux. Puisque pour lui, les parents ont imposé une seule vision du monde au point qu'il n'a pas la possibilité de participer à la discussion critique et argumentée. L'enfant modifié a le même statut qu'un objet qui n'a pas de volonté propre et qui ne peut faire usage de réflexion et d'argumentation critique. Pour l'enfant modifié, l'égalité originelle et naturelle entre les hommes est détruite. En détruisant la capacité quant à l'enfant de participer à la discussion critique, la technoscience détruit sa capacité de s'affirmer comme un être libre et autonome et surtout comme un être égal aux autres. Pour donner une assise scientifique à ce propos, tâchons d'analyser le clonage.

À travers le clonage, l'autonomie individuelle est remise en cause. En réalité, le cloné est conditionné et déterminé d'avance et n'est pas comme n'importe quel individu puisqu'il perd « la capacité d'exercer sa liberté sur le fond d'un patrimoine génétique » (M. Hunyadi 2004, pp. 73-74). Son statut ontologique est inédit parce qu'il ne dispose pas d'une individualité. Disposer d'une individualité et exercer l'autonomie individuelle sont solidaire. Elles sont solidaires parce que, l'exercice effectif de l'autonomie présuppose la disposition formelle d'altérité de soi. Mais, la disposition de l'individualité et l'exercice effectif de l'autonomie sont conditionnées par la possession d'un patrimoine génétique non altéré, non modifié.

Pris dans ce sens, il se dégage que le cloné par exemple est venu à l'existence parce que « désiré à l'identique de quelqu'un d'autre par quelqu'un d'autre » (M. Hunyadi 2004, p. 76.). De ce point de vue, le cloné ne dispose pas d'altérité de soi et d'autonomie. Cette intrusion d'une personne tiers dans la constitution génétique du cloné constitue un fardeau ontologique fondamentalement destructeur de l'autonomie individuelle. L'intrusion de la volonté d'un tiers entre soi et soi-même brise « à la racine la familiarité que chacun entretien naturellement avec soi-même » (M. Hunyadi 2004, p. 79.). Par principe, le clonage brise l'altérité de soi, une altérité éprouvée à la première personne du singulier et qui est le « sentiment ontologique d'être autre que tout autre » gage de l'autonomie individuelle. Le « Je » qui possède et exerce l'autonomie est celui qui se « sait autre parce que né d'une rencontre génétique aléatoire » (M. Hunyadi 2004, p. 83).

Le sentiment de la dépossession de soi, c'est-à-dire, de son individualité naît chez le cloné, de la « conscience d'une immixtion d'autrui dans les fondements matériels les plus élémentaires » de son existence (M. Hunyadi 2004, pp. 93-94). Dans cette acception, toute intervention génétique, en tant qu'intervention sur la constitution biologique de l'homme, porte atteinte à l'altérité de celui qui la subit parce qu'au fond, « c'est le fait même d'intervenir, et non le fait que cette intervention soit totale, qui est décisif pour l'argument de l'altérité de soi » (M. Hunyadi 2004, p. 94.). Ce saut qualitatif de l'homme vers une espèce autre déchaîne la remise en cause totale de la capacité humaine d'être libre et autonome. Ce qui est en jeu, ce n'est pas la remise en cause de quelque valeur, de quelque culture ou de quelque personne. C'est la remise en cause de l'espèce humaine en général en ce sens que, la modification technoscientifique de la nature biologique de l'homme en ouvrant la possibilité d'une sortie définitive et irréversible de l'homme naturel-biologique, remet en cause la compréhension éthique de l'espèce humaine.

L'expérience morale de l'homme et sa compréhension anthropologique de lui-même révèle que le risque transcendantal contient le fait que, avec lui, « nous ne pouvons plus nous comprendre comme des êtres éthiquement libres et moralement égaux s'orientant au moyen de normes et de raisons » (J. Habermas 2002, p. 66). Dans ces conditions, il devient nécessaire de postuler en faveur d'une éthique de l'espèce humaine qui offre, au-delà des prouesses technoscientifiques, un socle solide pour une compréhension éthique de l'espèce humaine.

3. Risque transcendantal et éthique de l'espèce humaine

Les biotechnologies à travers les manipulations génétiques portent atteinte à l'identité de l'espèce humaine à travers laquelle l'homme se comprend comme « être d'essence générique » et qui est liée à nos représentations juridiques et morales de la personne humaine. La compréhension qu'aura une personne modifiée d'elle-même est mise en jeu. Parce que la programmation du patrimoine héréditaire pose des limites « (…) à la capacité dont fera preuve l'individu de mener une vie autonome et fausse les relations par principe symétriques entre personnes libres et égales » (J. Habermas 2002, pp. 40-41.). Puisque, « La manipulation génétique pourrait transformer la compréhension que nous avons de nous-même en tant qu'êtres d'essence générique à tel point que, nos représentations juridiques et morales modernes étant attaquées, ce sont du même coup les fondements normatifs incontournables de l'intégration sociale qui seraient touchés » (J. Habermas 2002, p. 45).

Lorsqu'on suit J. Habermas dans son analyse des biotechnologies dans leur dynamique de modification et d'altération de la nature humaine, il se dégage que le génie génétique, en remettant en cause la nature générique de l'homme, remet de facto en cause l'espèce humaine. Dans le sens de cette affirmation, deux précisions s'imposent. D'abord, convient-il de le souligner, « l'homme n'est pas seulement l'animal symbolique, il est aussi essentiellement le vivant qui choisit en fonction d'une sensibilité éthique qui lui est propre et qui le conduit à apprécier ses interventions dans le cours aveugle des événements par rapport à des valeurs » (G. Hottois 2018, p. 201). Cela signifie que la valeur singulière de l'homme tient dans ce fait, qu'avec lui, la liberté fait irruption dans la nature. La sortie de l'homme est une sortie de la liberté. L'humanité et l'autonomie (et la liberté) sont solidaires. Ainsi, l'éventualité des mutations post-symboliques de l'homme, la reconstruction technique de l'humanité à travers les modifications du patrimoine génétique de l'homme (qui sont autant de transformations externes à l'essence « logo-théorique et axiologique » de l'humanité) affectent l'autonomie humaine et la possibilité de son existence en tant qu'être de liberté.

Dans un autre sens toujours dans le sillage de l'affirmation précédente, le génie génétique remet en cause, à l'aune de ses interventions sur le patrimoine héréditaire de l'humanité, l'homme en tant qu'être moral. Par ce qu'en « (…) affectant l'essence même de l'homme et en s'avançant comme extérieure à cette essence », il « met en question la source vive de toute éthique » (G. Hottois 2018, p. 202.). On comprend alors que ce qui est mis en jeu par la technique génétique, compte tenu de sa puissance de transformation de la nature axiologique que nous sommes, est la capacité éthique de l'humanité. Parce que, dans l'être de l'individu modifié, les possibilités de choix sont annulées. Ainsi, par ses déterminations fixées d'une manière irréversible par une personne tierce, toute possibilité de choix et de préférences par rapport à quelque valeur est récusée. Puisque, dans la logique de la génétique, surgit « (…) l'éventualité très concrète de la modification radicale voire même de la disparition de l'éthique comme conséquence d'une mutation de l'homme » (G. Hottois 2018, p. 202).

Face à l'ampleur du risque transcendantal et la potentialité ouverte de sortir de l'homme naturel-culturel, la pensée philosophique se trouve confronter à rechercher les conditions dans lesquelles nous puissions continuer par nous appréhender comme des auteurs monologique de notre histoire. Dans cette situation historique, l'éthique de l'espèce humaine, développée par J. Habermas (2002), apparaît comme la voie capable de définir les conditions dans lesquelles l'homme peut continuer par s'appréhender et se comprendre comme auteur unique de sa vie et de son histoire. L'éthique de l'espèce humaine qu'il convient d'établir et de défendre face à la technoscience et à l'ère du risque transcendantal désigne, précisons-le, « la compréhension éthique la plus appropriée que l'espèce humaine doit avoir d'elle-même » (J. Habermas 2002, p. 62). Il en résulte que, l'éthique de l'espèce humaine est celle qui vise à préserver les conditions sans lesquelles l'humain perd la compréhension qu'il a de lui-même en tant qu'être rationnel, libre et autonome. J. Habermas le précise en ces termes : « Ce à quoi elles touchent, ce n'est pas à telle ou telle différence dans la multiplicité des formes culturelles de vie, mais à la manière intuitive dont nous nous décrivons nous-mêmes et à travers quoi nous nous identifions comme humains, distincts des autres êtres vivants – à la manière autrement dit dont nous nous comprenons ne tant qu'êtres spécifiques » (J. Habermas 2002, p. 64).

Ce que J. Habermas exprime dans cette affirmation, c'est que le risque transcendantal est la remise en cause chimérique des « limites de l'espèce » humaine, une remise en cause de l'identité de l'Homme. Dans ces conditions, « c'est dans une compréhension éthique de l'espèce humaine, partagée par toutes les personnes morales, que, provisoirement au moins, la morale abstraite de la raison propre aux sujets des droits de l'homme trouve son appui » (J. Habermas 2002, p. 65).

L'éthique de l'espèce humaine postule la compréhension de soi, la prise de conscience de ce que l'on est et souhaite être, l'évaluation scrupuleuse de sa biographie, l'appropriation critique de sa vie, de son histoire, la prise de conscience de soi, de son individualité, de sa liberté et de son bien, une autoréflexion critique. De ce fait, l'éthique permet ainsi une auto-compréhension de soi, condition de possibilité de la personne. L'humain prend conscience de lui-même, de sa singularité et de son « irremplaçabilité » par aucune autre personne. Conjointement, il prend conscience de son autonomie, c'est-à-dire de la possibilité ouverte dont il dispose de choisir entre plusieurs types de vies bonnes, sans une contrainte extérieure définitive, irréversible. Dans ce sens, cette capacité de se choisir et de prendre conscience de son individualité et la jouissance effective de sa liberté et de son autonomie permettent d'assumer la responsabilité de ses actions. La responsabilité ou « capacité d'imputabilité » de nos actions se fonde sur notre liberté et notre autonomie, c'est-à-dire l'appropriation critique de nos actions, de notre histoire et de l'histoire de notre vie. Parce que l'individu, qui a conscience de son individualité et de son autonomie, développe un rapport critique à soi, à sa vie, à son histoire et à son environnement. Il est appelé à s'approprier de manière critique, réfléchie et responsable sa biographie et son histoire déterminées par les autres personnes. En fait, l'individualité, selon Kant, se détermine non en fonction des préférences subjectives mais suivant l'autonomie. L'autonomie se distingue radicalement de l'hétéronomie. Si nous restons dans la perspective kantienne, il convient de faire remarquer que les interventions sur le génome humain, sur le génome du nouveau-né installent irréversiblement ce dernier dans l'hétéronomie, dans une hétéronomie dans laquelle il ne pourra sortir. Ceci indique que, la technoscience, dans sa dynamique opératoire, en s'investissant dans la transformation technique de la nature humaine, du génome humain, ôte l'autonomie à toute personne modifiée. L'enjeu philosophique d'un tel paradigme est la capacité même d'être homme et d'appartenir à la communauté morale. Kant, dans la perspective qui était la sienne, établissait un lien entre l'autonomie et l'appartenance à la communauté morale. Si l'homme est, selon lui, le seul être qui appartient à la communauté morale, c'est fondamentalement pour sa capacité à s'arracher de toute hétéronomie liée à la nature (la cosmologie antique) ou à un être transcendant (la théologie et la métaphysique médiévale).

Ainsi, la première exigence de l'éthique de l'espèce humaine est de traiter chaque humain « toujours comme une fin en soi » et jamais comme une chose. Le traitement de l'être humain comme une fin en soi indique, notons-le, qu'aucun homme ne peut et ne doit faire objet de manipulation et d'exploitation. On ne peut manipuler un être humain ou modifier son corps en le transformant selon le modèle désiré par une autre personne. Cet élément s'applique aux êtres humains titulaires de droits (c'est-à-dire à ce qui vivent et qui possèdent un corps). Ceci indique qu'on ne peut conférer au fœtus, les mêmes droits ou une même conception normative. Mais on ne peut non plus disposer de la « vie antépersonnelle » comme d'une chose ou d'un objet. Cette maxime exclut la possibilité de toute manipulation du génome d'un embryon dans un visé mélioratif en conformité avec les désirs des parents. Parce que toute transformation ou modification du génome humain ruine la liberté inaliénable de chaque être humain. Aussi apparaît-il dans la logique de l'éthique de l'espèce humaine de respecter la liberté de chaque être humain.

La seconde exigence de l'éthique de l'espèce humaine est le « respect de la liberté d'autrui, son autonomie, la capacité qui est sienne de se comprendre comme l'auteur de sa propre vie ». Lorsqu'un enfant se rend à l'évidence qu'il est le produit d'une programmation irréversible par ses parents dans le souci de modifier certaines de ses caractéristiques, celui-ci perdra la conscience d'être libre. Pour un enfant qui prend conscience qu'il a été programmé irréversiblement pas ses parents, il est privé de la conscience d'être libre et autonome. Dans l'esprit de l'enfant dont le génome a été modifié, s'installe la conscience qu'il est fabriqué et, qu'en conséquence, il est privé de la possibilité d'avoir, par l'entremise de sa naissance, commencé une nouvelle et unique vie exempte des « décisions irréversibles » d'une tiers personne. Le respect de cette liberté et de l'autonomie de l'autre est indissociable du respect de son individualité. La modification du génome humain ne ruine pas seulement la liberté. Elle ruine aussi la singularité de chaque humain. Le clonage par exemple est le prototype de la destruction à la fois de la liberté et de la singularité de chaque être humain.

Dans cet esprit, la troisième exigence de l'éthique de l'espèce humaine est le respect de l'altérité, de l'unicité et de la singularité de chaque humain. Cette altérité et singularité fonde l'égalité naturelle et biologique entre les hommes. La manipulation du patrimoine génétique instaure une relation asymétrique et inégalitaire entre les hommes, entre ceux qui sont modifiés et ceux qui ne le sont pas. La manipulation et tout acte « eugénique » annule la capacité de se reconnaître comme des égaux. Il en résulte que l'acte eugénique annule la réciprocité entre les parents et leurs enfants « programmés », c'est-à-dire la reconnaissance réciproque qui, naturellement, existe entre les hommes. Cette réciprocité dans la reconnaissance se fonde sur la singularité et le statut irremplaçable de chaque être humain. L'unicité de chacun est la condition de sa reconnaissance comme égale à toute autre personne. C'est pourquoi l'éthique de l'espèce humaine exige le respect de l'altérité individuelle et la garantie permanente de l'égalité et de la reconnaissance réciproque entre les hommes. Aussi est-on amené dans le contexte du risque transcendantal à reconnaître que la garantie permanente de la singularité individuelle passe par la rencontre naturelle et aléatoire des chromosomes parentaux. Ainsi, le respect de la singularité humaine passe, à coût sûr, par le respect de la « loterie génétique » dans la reproduction humaine.

De ce fait, la quatrième exigence de l'éthique de l'espèce humaine est le respect de l'aléatoire, du hasard ou, mieux dit, le respect de la « loterie génétique ». L'unicité ou la singularité de chaque être humain présuppose la rencontre aléatoire du génome du père et du génome de la mère. La croissance naturelle est liée à des conditions sans lesquelles nous ne puissions continuer par nous appréhender comme auteur sans partage de notre vie personnelle et membre égal en droit de la communauté morale. L'auto-compréhension de soi de la personne est le fruit d'une procréation naturelle, c'est-à-dire de la contingence et du hasard naturel à travers lequel se produit la fusion des séquences chromosomiques parentales. Lorsque la technoscience entraîne une « dépendance causale » entre les hommes, c'est-à-dire permet qu'une personne tiers en fonction de ses préférences intervienne dans la « combinaison aléatoire des séquences chromosomiques parentales », sans le moindre consensus avec la personne concernée, remet en cause la liberté humaine qui est le fruit de la « loterie génétique ». En conséquence, en déterminant les enfants dans leur être naturel selon leur bon vouloir, les parents détruisent également les libertés égales qui existent parmi les hommes et qui garantit leur différence.

À partir de ces exigences, l'éthique de l'espèce humaine consiste à s'opposer au « laisser faire technoscientifique ». C'est-à-dire, à s'opposer à l'idéologie scientiste selon laquelle tout ce qui est techniquement possible doit être réalisé. La compréhension normative de l'homme et son harmonisation avec l'autodétermination de sa vie personnelle et sa responsabilité sont en jeu dans sa transformation génétique. Il devient nécessaire de faire un réajustement et une réorientation des trajectoires de la technoscience. Le réajustement des trajectoires de la technoscience notamment des biotechnologies (K. Kouvon 2015), dans le sens de la préservation des conditions transcendantales d'une vie humaine digne, fait appel à une action institutionnelle (F. Fukuyama 2002). Institutionnellement, il s'agit d'agir sur les trajectoires technoscientifiques en réglementant certaines recherches et innovations et, dans certains cas, en limitant certaines expressions de la liberté individuelle des parents. Ce réajustement et cette réorientation des trajectoires de la technoscience n'est pas seulement souhaitable dans le contexte du risque transcendantal mais fondamentalement nécessaire.

Conclusion

Ce texte a élucidé le risque transcendantal que comporte la technoscience dans sa rationalité opératoire à la lumière de l'éthique de l'espèce humaine. La technoscience étant une rationalité opératoire s'est, dans ses mutations contemporaines, investie dans la transformation technique de la nature humaine, du génome humain sous sa forme du génie génétique. Sous cette transformation technique de la nature humaine, naît le risque transcendantal qui indique la remise en cause des conditions transcendantales sans lesquelles l'homme ne peut continuer à s'appréhender comme un « être d'essence générique », un être libre et autonome. Dans ce sens, ce texte aboutit au fait que la technoscience, en tant que rationalité opératoire, se saisit dans sa dynamique, de la nature humaine et conduit, pour ainsi dire, à la transformation technique de l'homme. À travers la technologie génétique, par exemple, la technoscience provoque une transformation post-génomique de l'homme et, de ce fait, comporte un risque transcendantal. Elle remet en cause les conditions nécessaires à la liberté (l'autodétermination de soi, de la vie personnelle) et à l'égalité en droit entre les hommes. Parmi ces conditions transcendantales se trouve le corps humain. Le corps et le génome humain font partie des conditions transcendantales par lesquelles l'homme se comprend et s'aperçoit comme un être autonome et libre. Ce sont ces conditions qui favorisent « la compréhension que nous avons de nous-mêmes en tant que nous sommes capables de parler et d'agir » (J. Habermas 2004, p. 153). Le parler et l'agir représentent, on le sait, la capacité humaine de s'autodéterminer, d'être libre, bref d'être autonome. Ainsi, il appert que, face au risque transcendantal, ce qui est en jeu, ce n'est pas telle ou telle éthique, mais la compréhension éthique que l'espèce humaine a d'elle-même en tant qu'espèce de personnes libres et égales en droit. Ainsi, à la lumière de l'éthique de l'espèce humaine, il s'agit de faire un réajustement des trajectoires de la technoscience afin de garantir pour l'humain, les conditions nécessaires à sa liberté, à son autonomie et à sa conception normative en tant qu'être moral. Et, dans cet esprit, l'Afrique dans le processus de son développement doit faire une appropriation critique de la technoscience en tenant compte des risques qui l'accompagnent.

Références bibliographiques

ALI, Yaou Gagnon (2018), « Technoscience et risque symbolique. À partir de Hans Jonas », in *Nunya*, N°6, pp. 105-124.

ELLUL, Jacques (1954), *La technique ou l'enjeu du siècle*, Paris, A. Colin.

FUKUYAMA, Francis (2002), *La fin de l'homme. Les conséquences de la révolution biotechnique*, Paris, Gallimard.

GADAMER, Hans-Georg (1998), *Philosophie de la santé*, trad. Marianne Dautrey, Paris, Grasset& Fasquelle.

HABERMAS, Jürgen (2002), *L'avenir de la nature humaine. Vers un eugénisme libéral ?*, trad. Christian Bouchindhomme, Paris, Gallimard.

HOTTOIS, Gilbert (2018), *Le signe et la technique*, Paris, Vrin.

HUNYADI, Mark (2004), *Je est un clone. L'éthique à l'épreuve des biotechnologies*, Paris, Seuil.

JONAS, Hans (1990), *Le principe responsabilité*, Paris, Cerf.

JONAS, Hans (2000), *Évolution et liberté*, Paris, Rivages.

JONAS, Hans (2001), *Le Phénomène de la vie, Vers une biologie philosophique*, Bruxelles, De Boeck Université.

KOUVON, Komi (2015), « Les trajectoires biotechnologiques et le posthumanisme. Les difficultés de l'éthique humaniste », in *Nunya*, N° 3, pp. 145-164.

L'éthique kantienne à l'épreuve du débat sur la bioéthique : le cas de l'euthanasie

Rodrigue MAKAYA MAKAYA[27]

Résumé

Dans cette étude, nous voulons montrer que les fondements kantiens de l'éthique nous donnent de quoi comprendre que les questions d'ordre moral sont liées à la liberté, dans la mesure où cette dernière, au sens positif, présuppose toujours l'autonomie de la volonté ; puisque l'autonomie est le fondement de la moralité et une manifestation de la liberté de l'homme comme être raisonnable. Avec les fondements kantiens, nous pouvons faire face aux questions soulevées par la bioéthique comme l'euthanasie, qui plongent les philosophes dans une certaine tourmente aujourd'hui, tourmente qui consiste à oublier parfois leur rôle : dans la question de l'euthanasie, par exemple, qui est une question très complexe, certains philosophes s'érigent en *moralistes*, oubliant que nous manquons parfois *d'autorité scientifique* pour y faire face, d'autant plus qu'elle désigne avant tout un *acte* médical. Ce que nous ne percevons pas toujours, c'est que l'euthanasie, en tant que pratique médical, se pose au philosophe comme un « cas » de conscience, comme quelque chose qui installe d'emblée dans le particulier et non dans l'universel.

Mots clés

Dignité, éthique, euthanasie, morale, mort, personne, raison, respect.

---

[27] Docteur en Philosophie, NR, de l'Université de Poitiers. Enseignant-chercheur permanent à l'Université Omar Bongo, Centre d'Études et de Recherches Philosophiques (CERP). *Rodrigue Makaya Makaya* est enseignant de philosophie morale et de l'éducation à l'université Omar Bongo de Libreville (Gabon). Il a soutenu à l'Université Paul-Valéry Montpellier 3, sous la direction de Luc Vincenti, une thèse de doctorat sur Kant. Ses recherches portent sur l'idéalisme allemand et la philosophie pratique de Kant.

Introduction

« Depuis le début des années 1980, les questions de morale ou d'éthique sont en revanche redevenues fortement présentes dans le champ social. En témoignent de façon particulièrement frappante les questions soulevées à l'infini par l'essor des biotechnologies (…) et relevant de ce qu'on appelle la bioéthique. Parce que ces possibilités inédites font surgir des multiples cas de conscience aussi bien pour les experts que pour les particuliers, la relation à la sphère des valeurs morales s'est aujourd'hui, de nouveau, complexifiée » (A. Renaut 2000, p. 12).

Il est certain que les *Leçons d'éthiques* (E. Kant 1775 et 1780) sont essentielles pour comprendre la philosophie morale de Kant, dans la mesure où elles préfigurent dans les *Fondements de la métaphysique* quelques années plus tard, la distinction entre *pratique* et *libre conduite*, c'est-à-dire la distinction entre ce qui relève de la *loi* et ce qui relève du *libre arbitre*. Et, l'essor des biotechnologies aujourd'hui nous plonge au cœur de cette distinction, plutôt au cœur de ce qui apparaît maintenant comme une *confusion* entre ces deux domaines. La confusion naît du fait qu'on associe de plus en plus l'éthique au débat qui a lieu autour du développement de la biotechnologie. Or, en associant l'éthique à ce débat, on en appelle implicitement à la philosophie, donc, à la morale d'interférer dans un domaine hautement technique, certes, sous un angle pratique. Mais, la bioéthique est une question tellement complexe et spécialisée que nous ne voyons pas ce qu'on pourrait en dire au-delà des généralités comme l'obligation de respecter la personne, que la personne n'est pas une chose, que sa dignité est une qualité absolue.

En soulevant ces généralités, nous nous trompons sur l'orientation éthique et sur la pertinence des questions que nous devrons normalement nous poser dans ce débat. Et, nous les philosophes, depuis quelque temps, prenons trop de libertés à juger ce que font les experts plutôt qu'à nous interroger sur *leur liberté de faire ce qu'ils ont à faire*. Ce que nous devons davantage apporter comme contribution à ce débat, c'est de réfléchir plutôt sur *l'idée d'une éthique de la liberté scientifique*[28] comme proposition formelle si l'on veut rapprocher les questions biotechniques à la sphère des valeurs morales et non sur les

---

[28] *Éthique de la liberté scientifique* que l'on peut définir comme une éthique de la décision, fondée sur la raison et qui est propre aux scientifiques.

actes que posent les experts en biotechniques, par exemple. Mais, pourquoi devrons-nous faire la promotion de l'idée d'une éthique de la liberté scientifique ? Comment une telle idée peut-elle servir de fondement rationnel à un discours sur les pratiques médicales, par exemple ?

Dans cette étude, nous voulons montrer que les fondements kantiens de l'éthique nous donnent de quoi comprendre que les questions d'ordre moral sont liées à la liberté, dans la mesure où cette dernière, au sens positif, présuppose toujours l'autonomie de la volonté ; puisque l'autonomie est le fondement de la moralité et une manifestation de la liberté de l'homme comme être raisonnable. Avec les fondements kantiens, nous pouvons faire face aux questions soulevées par la bioéthique comme l'euthanasie, qui nous plongent, dans une certaine tourmente aujourd'hui. Cette tourmente consiste à oublier parfois notre rôle : dans la question de l'euthanasie, par exemple, qui est une question très complexe, certains philosophes s'érigent en *moralistes*, oubliant que nous manquons parfois *d'autorité scientifique* pour y faire face, d'autant plus qu'elle désigne avant tout un *acte* médical. Ce que nous ne percevons pas toujours, c'est que l'euthanasie, en tant que pratique médical, se pose au philosophe comme un « cas » de conscience, comme quelque chose qui nous installe d'emblée dans le particulier et non dans l'universel. Certes, comme le pensait Kant, l'éthique doit examiner, sous l'angle critique, les présupposés et les sources de ce qui est moral ; ce qui veut dire qu'elle doit chercher à connaître les principes qui fondent toutes les normes et les actions morales, tout en déterminant ce que lui-même appelle la « forme » du moral ou bien ce qui forme la « vraie » moralité. Mais, nous devons tout de même distinguer le particulier de l'universel pour ne pas sortir de notre champ, celui de la liberté et de la raison, avec pour risque de ne pas saisir ou trop bien comprendre les objets qui sont dans le champ de la liberté *éthique*. Il faut donc de la prudence dans ce qu'il convient de regrouper ici sous le champ de la *casuistique éthique*, dès lors que l'éthique : « En raison de la latitude qu'elle accorde à ses devoirs imparfaits, conduit inévitablement à des questions qui engagent la faculté de juger à décider comment appliquer une maxime dans des cas particuliers, et cela de telle manière que cette maxime fournisse à son tour une maxime (subordonnée à propos de laquelle on peut toujours, à nouveau, chercher un principe de son application au cas donné) ; et ainsi elle tombe dans une casuistique dont la doctrine du droit ignore tout (...) la casuistique n'est donc ni une science, ni une de ses parties, il s'agit alors d'une dogmatique, et elle n'est pas une doctrine enseignant comment quelque chose est trouvé, qu'un exercice apprenant comment on doit chercher la vérité (E. Kant, 1986e, t. 3, pp. 696-697).

Cette référence de la doctrine de la vertu illustre parfaitement notre prudence, car, même si Kant admet qu'il y a bien des questions casuistiques, il s'aperçoit très vite des limites que soulèvent ces questions que ne dépasse pas son universalisme pratique. Et, si Kant cherche malgré tout, à résoudre ces questions casuistiques comme celle du suicide, par exemple, c'est parce qu'il souhaite et espère un développement de *l'éthique de la liberté scientifique* en permettant à chaque individu de chercher la vérité en appliquant des maximes à caractère « universel ». Ce pourquoi on ne manque pas souvent de convoquer Kant dans le cas de l'euthanasie de nos jours, cas que l'on approche de celui du suicide, surtout pour évoquer la relation à la sphère des valeurs morales comme le note justement Alain Renaut.

Manifestement, est-ce que les fondements kantiens ont de quoi apporter satisfaction dans la « querelle » sur l'euthanasie par exemple ? Dans tous les cas, il nous revient de demeurer dans les limites des fondations kantiennes pour ne pas nous éloigner de la rationalité critique dont doit dépendre normalement la sphère des valeurs éthiques et morales.

Dans ce travail, nous ne ferons pas la distinction entre éthique et morale pour désigner par-là, la sphère des valeurs et du discours sur ces valeurs. Nous voulons souligner, ici, le fait que ces deux mots (éthique et morale) renvoient, en effet, au même objet, à savoir la sphère des mœurs et la façon de vivre (A. Renaut 2000, 13).

*1. **L'euthanasie, le suicide et le principe de l'amour de soi***

Nous assistons aujourd'hui à un développement sans précédent des biotechnologies (procréation médicalement assistée, transplantation d'organes, clonage), un développement qui ne va pas sans poser des problèmes éthiques et moraux à résoudre. Certes, la bioéthique est très difficile à définir avec exactitude, mais, nous pouvons fixer le cadre social et déterminer, sans dogmatisme, son *sens moral*. En effet, « la bioéthique pourrait être définie comme une discipline nouvelle qui s'interroge, en termes éthiques, sur le progrès de la médecine et de la biologie. Elle est née de la nécessité pour nos sociétés de ne plus permettre aux médecins, aux chercheurs et aujourd'hui aux bio-techniciens, de jouer aux "apprentis sorciers" », assure Feldmann, dans un ton qui frappe notre manière de penser. Manifestement, ce genre de propos accablent le philosophe que je suis, dès lors qu'un grand nombre de philosophes s'estiment être les seuls penseurs « légitimes » à se prononcer sur les cas de conscience que peut susciter l'essor des biotechnologies, par exemple, oubliant trop souvent que les experts, tout comme d'autres « amis de la science » ont, eux aussi, un mot à dire sur ce sujet, surtout qu'il s'agit avant tout des nouveaux cas à « examiner » ensemble. Nul ne doit être exclut du débat sur les mœurs ou sur les valeurs morales, puisqu'il s'agit avant tout d'un débat qui concerne au premier chef tout le genre humain. L'esprit de liberté et d'ouverture doit dominer ce genre de débat pour que les uns et les autres échangent ensemble sur des sujets qui les concernent tous.

Le débat sur l'euthanasie est aujourd'hui un parfait exemple des *prétentions* éthiques et morales qu'ont certains philosophes sur la question ; surtout lorsqu'il s'agit de se prononcer sur « les limites de ce qui est moralement acceptable et sur ce qui doit être moralement condamné » dans ce cas. D'abord, parce que l'euthanasie désigne, dans une large mesure, en effet, l'acte médical consistant à provoquer « intentionnellement » la mort d'un patient dans le but de soulager ses souffrances physiques ou morales considérées comme insupportables pour les personnes. Ensuite, il faut voir dans cette *intention* « deux manières » de provoquer la mort ; ce qui ne facilite pas non plus l'appréciation d'un tel acte. Dans ce sens, on parle de l'euthanasie active et de celle dite passive ; active, lorsque le médecin donne « intentionnellement » la mort au patient, et passive, lorsque le médecin « aide » un malade au suicide en lui évitant un acharnement thérapeutique inutile lorsque l'espoir de retour à la vie est nul.

Dans tous les cas, cette pratique est encadrée et légitimée par des législations en vigueur dans certains pays[29], tout comme, au nom de l'éthique, elle est condamnée ou interdite par la loi dans d'autres pays. Donner la mort « intentionnellement » ou aider au suicide, est désormais une pratique en cours dans le « monde médical » qui suscite des interrogations éthiques et morales très profondes. Que les pratiques soient légales ou non, il n'est pas aisé, pour le philosophe, de se prononcer *sans détour* sur cette « pratique » médicale (l'euthanasie) ou

---

[29] En Occident, l'euthanasie active est légalisée au Luxembourg (en 2009), aux Pays bas (2002), pour ne citer que ceux-là. En France et dans d'autres pays, seule l'euthanasie passive est autorisée sous condition du respect des lois qui la régissent et l'euthanasie active est un crime.

encore d'en parler au nom des principes de la raison et conclure à un jugement ferme sur cette question, si l'on ne prend pas garde de dire sur quoi se prononce-t-on. Autrement dit, à propos des questions éthiques et morales, on sait que le philosophe n'interroge pas l'acte ou l'action humaine, mais sa maxime. L'action *relève* du droit, voire de la politique et non de la morale ou de l'éthique, au sens où le droit a ici valeur de limitation et de restriction contre les libertés « extérieures » et sans limites. Chez Kant, comme le suicide, l'euthanasie, est une question qui relève de la casuistique et se heurtent, pour cela, à l'épineux problème de la liberté. Autrement dit, ce qui relève de la casuistique est avant tout, un cas. Et, un cas désigne, en général, un évènement particulier lié à des conditions particulières. Sur le plan moral, on range les « cas », chez Kant, sur le compte de l'amour de soi, c'est-à-dire cette tendance à se faire *soi-même* d'après les principes déterminants subjectifs de son libre arbitre. En clair, Kant pense qu'un homme, à la suite d'une série des maux qui ont fini par : « (…) Le réduire au désespoir, ressent du dégoût pour la vie, tout en restant assez maître de sa raison pour pouvoir se demander à lui-même si ce ne serait pas une violation du devoir envers soi que d'attenter à ses jours. Ce qu'il cherche alors, c'est si la maxime de son action peut aussi devenir une loi universelle de la nature. Mais voici sa maxime : par amour de moi-même, je pose en principe d'abréger ma vie, si en la prolongeant j'ai plus de maux à en craindre que de satisfactions à en espérer » (E. Kant 1975, 138).

Ce qui ne veut pas dire que Kant exclut l'étude des « cas », au contraire. Mais, les cas sont toujours particuliers pathologiques. Et, est pathologique, ce qui repose sur une affection subie, éprouvée, ce qui est déterminé ici par la sensibilité et s'oppose à ce qui est spontané et pratique, estime Kant. Comme « cas » de suicide, l'euthanasie « est condamnable » comme acte, seulement comme acte, dans la mesure où c'est un devoir de chaque individu membre du genre humain, par sa qualité de personne, que de conserver sa vie. De même qu'en parlant du suicide, Kant affirme : « Anéantir en sa propre personne le sujet de la moralité revient à extirper du monde, au tant qu'il dépend de soi, la moralité dans son existence même, alors qu'elle est une fin en soi » (E. Kant 1986e, t. 3, pp. 706-707). Et, sur ce ton, comparativement au suicide par exemple, il est difficile, s'agissant de l'euthanasie, de faire entendre aux praticiens ce « point de vue » *pratique* sur ce « cas », dans la mesure où ce qui fonde ces derniers à recourir à cette pratique ce n'est pas d'abord « le devoir », mais l'amour de soi, l'amour pour soi « motivé » par ce que Kant appelle « l'épuisement de la patience dans la souffrance, à cause de la tristesse et du découragement qui épuisent lentement » les personnes « malades ».

Si Kant estime que le suicide est abominable et affreux, on ne dira pas autant pour l'euthanasie, comparativement, qu'elle soit active ou passive, dès lors que le « cas » de l'euthanasie, suppose un « acte » médical moins « brutal » et non « abominable » que le suicide. Et, cette pratique médicale n'est pas en vogue à l'époque où Kant méditait sur le suicide. Hélas ! Mais, si on ne cesse d'associer Kant à tous les débats qui touchent à l'existence des hommes sur terre, c'est parce que le débat sur l'euthanasie approche les questions sur le suicide, donc, sur la mort, que l'auteur des trois *Critiques* considère d'abord comme un phénomène devant survenir « naturellement », au sens où, s'agissant de la mort : « Nul ne peut faire l'expérience en lui-même (faire l'expérience en effet, cela réclame que l'on vive), c'est seulement chez les autres qu'on peut la percevoir. (…) Mourir semble être une réaction simplement mécanique de l'énergie vitale, peut-être aussi une douce sensation de libération graduelle de toute douleur » (E. Kant 1986d, t. 3, p. 985).

Que l'on retrouve un air épicurien dans ce propos ou l'influence d'une éducation « religieuse » chez Kant, cela va de soi, mais, ce n'est pas cela qui motive le jugement de ce dernier. Ce qui le motive, ce n'est ni l'expérience ni la fois, mais *les conditions*[30] dans lesquelles la mort doit survenir, c'est-à-dire comment cette mort, qui concerne les personnes bien sûr, nous-êtres raisonnables, doit être affrontée avec dignité et devoir, puisque dit-il, c'est un devoir de l'homme de par sa qualité de personne, que de conserver sa vie. Parce que, pour Kant, en recourant au suicide, par exemple, c'est anéantir en sa propre personne le sujet de la moralité, ce qui revient *de facto* à « extirper du monde, autant qu'il dépend de soi, la moralité dans son existence même, alors qu'elle est une fin en soi » (E. Kant 1986e, pp. 706-707). Autrement dit, le suicide est condamnable au nom du devoir, c'est-à-dire au nom de la loi qui « brille » toujours en la personne jusqu'au dernier soupir. Au nom donc du devoir et donc de la liberté, le suicide est, selon Kant, affreux et condamnable. Précisément, nous voulons souligner ici le fait que pour Kant, quelles que soient les conditions dans lesquelles *arrive* la mort, le devoir ne doit pas cesser de nous guider, nous-êtres raisonnables.

---

[30] Souligné par nous, de sorte à marquer la singularité kantienne sur cette question.

2. *L'euthanasie entre droit et éthique*

En général, le droit veille d'abord au respect des libertés en vue de faire régner la paix entre les individus. Mais, *l'acquisition* des nouveaux droits comme les « droits des malades »[31] ouvre la voie à certains abus en biomédecine. Ce qui pose le problème de la *responsabilité* éthique ou morale des médecins se trouvant parfois engagés, surtout lorsqu'il s'agit de décider du sort des malades *en fin de vie*. Le débat en ce moment est certes pratique, mais, juridique et politique avant tout, sauf à considérer que l'éthique doit prédominer dans ce débat. Mais, en tant qu'il est d'abord juridique et politique, cela suppose que, si le philosophe éthicien veut se saisir du débat, il devrait non pas juger l'acte « d'euthanasier », c'est-à-dire l'acte qui consiste à faire mourir quelqu'un, mais s'interroger sur la possibilité de construire une éthique de la liberté scientifique, de sorte que les praticiens s'en réfèrent pour le choix de leurs maximes en la matière. Cette éthique serait une éthique de la décision libre, c'est-à-dire une éthique de la maxime des praticiens eux-mêmes. Une telle éthique pose le problème de la responsabilité des praticiens qui n'auront qu'à se référer à leur raison avant de se référer aux codes et aux « raisons préétablies ».

Il faut admettre que l'euthanasie est pratiquée là où il existe une loi sur *la fin de vie*. Mais, ce n'est pas la loi elle-même qui fait polémique, c'est d'abord le fait que la mort est avant tout un sujet tabou dans nos sociétés. Plus qu'un tabou, la mort ne nous appartient pas non plus, puisque dans certains cas (par exemple, les cas où le malade est dans l'incapacité de revendiquer le droit à mourir lui-même), ce sont souvent ceux qui sont autour du lit qui décident du sort du malade en fin de vie.

L'euthanasie est avant tout un sujet de droit (voire politique) et au final une préoccupation éthique, dans la mesure où le droit vise la paix, condition de l'éthique et de la morale, seulement condition. Autrement dit : « La fin du droit – la paix –, n'est plus alors une question d'efficacité juridique ni d'utilité sociale, c'est une question d'éthique : la paix est une condition de la moralité, condition sans laquelle nous ne pouvons avoir d'intention morale car nous ne cherchons qu'à sauver notre vie. La paix, et donc l'obéissance au droit, est aussi par-là condition du monde moral comme moralité réalisée,

---

[31] En France, en référence à la loi Léonetti du 22 avril 2005 relative au droit des malades.

cette fin que les êtres sensibles ne peuvent ne pas envisager, parce qu'ils sont sensibles précisément, et que leurs efforts vertueux doivent être soutenus par l'espoir que les justes seront heureux (L. Vincenti 2008, pp. 206-241).

Postuler que l'euthanasie est avant tout une question juridique ne signifie pas qu'elle n'est pas une affaire d'éthique, loin s'en faut. Nous voulons dire que l'euthanasie, en tant que pratique médicale (ou en tant qu'acte), relève d'abord du droit, parce que le droit légifère sur l'action et non sur la maxime. Dans l'ordre des choses ensuite, la morale quant à elle, si l'on peut le dire, « délibère » sur la maxime (c'est une règle que l'arbitre se donne lui-même pour l'usage de sa liberté). Or, on ne peut souhaiter qu'une action ou un acte devienne universel (le).

Une action est toujours particulière, singulière. Alors qu'on peut souhaiter, voire espérer, qu'une maxime devienne universelle, en faisant *comme si* elle devrait être appliquée par tous les êtres raisonnables. C'est dans ce sens que nous en appelons de tous nos vœux à une éthique de la liberté scientifique de sorte à faire « briller » la liberté du philosophe dans ce débat « bioéthique ».

Autrement dit, le philosophe ne peut dire vrai qu'en demeurant libre, car, ces deux concepts vont de pair, au sens où seul un être libre peut dire la vérité. C'est la liberté qui doit constituer le fond de la pensée du philosophe de la morale dans le débat sur l'euthanasie et non des considérations (certes non négligeables) comme la douleur ou la souffrance qui relèvent de la sensibilité. Cela suppose que, la liberté scientifique, c'est-à-dire la liberté de la recherche, ne doit pas perdre de vue que la liberté en soi est comme la vérité, c'est-à-dire un concept intelligible, et c'est elle (la liberté) qui constitue le fond de toute pensée humaine. Ce que nous voulons mettre en évidence ici, par le fait d'une éthique de la liberté scientifique, c'est que, partout où l'on parle d'éthique, il *devrait* s'agir avant tout de la liberté ; tout comme, quand il est question de la liberté, il est question d'universalité, parce que l'universalité est le principe de la liberté.

Au fond, l'éthique d'une liberté scientifique sur la question de l'euthanasie suppose, pour nous, la recherche des conditions d'universalisation d'une telle pratique. Une éthique en vue d'universaliser une telle pratique devrait ramener le calme dans ce débat qui concerne tous les êtres humains, mais, qui n'a pas encore un dénouement « universel », dans la mesure où les débats qui la concernent restent encore vigoureux dans plusieurs États du globe. Mais, pour espérer une meilleure « universalisation » de l'éthique de la liberté scientifique, il faut aller chercher « l'inspiration » du côté de Kant, puisque les concepts de personne ou de dignité montrent dans leur développement ce qui peut rassembler tous les membres du genre humain.

3. L'euthanasie et la valeur de la personne

Le recours récurrent à Kant dans le « cas » d'euthanasie se justifie souvent, d'une manière ou d'une autre, par *l'implication* de la question d'autonomie de l'individu. Autrement dit, l'autonomie chez Kant est la preuve de la non soumission de l'individu, la preuve que l'individu n'est pas asservi, la preuve qu'il est donc libre. Manifestement, c'est sa liberté qui est une barrière contre l'asservissement. Et, s'il est libre ou autonome, il n'acceptera pas qu'il soit traité comme un moyen ou une chose. Ce qui signifie que la preuve de notre liberté est *l'inviolabilité* de notre dignité en tant que personne. C'est cela qui donne tout le sens à l'une formule des formules de l'impératif catégorique qui nous interdit de traiter l'humanité en nous ou en autrui, comme un simple moyen, car, elle est pour tout être raisonnable, sacrée et fin en soi. D'où cette recommandation de Kant : « Agis de telle sorte que tu traites l'humanité aussi bien dans ta personne que dans la personne de tout autre toujours en même temps comme une fin, et jamais simplement comme un moyen » (E. Kant 1975, 150). On charge souvent le terme « moyen » de plusieurs sens en commentant cette formule. Mais, une chose est sûre : moyen ici renvoie dans ce contexte à une valeur relative, et il se trouve que, ce sont les choses qui ont une valeur relative. Or, la personne a une valeur absolue en tant que sujet rationnel. Ce qui fait qu'en traitant l'humanité dans la personne d'autrui comme simplement un moyen, (ce qui est possible dans le cas où on oublierait que l'homme est un être raisonnable), c'est faire comme si elle n'était pas le sujet de la loi morale laquelle, on le sait, est sainte. Ce qui est requis ici par Kant, c'est de dépasser le stade de l'intérêt et de la temporalité dans le cadre pratique, c'est-à-dire dans le cadre de l'action, des valeurs et de morale. Voilà pourquoi, dans le cadre de nos échanges sur l'euthanasie, nous autres aux côtés de Kant, pensons comme lui que, pour se prémunir de tout traitement « abusif » de la liberté de l'homme vu que : « l'homme, dans tout usage de sa personne, a le devoir et le droit de rester libre, et que s'il sert ou s'il est servi, ce doit être sans être asservi ou sans tenter d'asservir » (E. Kant 1975, 150).

On sait ce que Kant pensait du suicide. Mais, on ne saura dire avec certitude ce qu'il aurait pu dire avec de l'euthanasie aujourd'hui sans compter avec le développement des sciences et de la biomédecine. Mais, Kant a fait face à la souffrance et au désespoir à plusieurs moments de sa vie. Certains auteurs le présentent comme quelqu'un qui se substituait parfois au médecin en se prescrivant des traitements contre des maux accablants. Il donnait ses propres moyens de lutter contre la vieillesse et contre la maladie jusqu'au dernier jour. Jamais la douleur ne lui enleva le courage et le sens de la dignité humaine ; et pourtant, la douleur est un sentiment de déplaisir, donc un sentiment subjectif qui corrompt la moralité. Malgré tout, Kant garda intacte en lui l'idée d'humanité et vécut de ce point de vue autonome.

Or, en matière d'euthanasie, il semble qu'il y a « collision » entre autonomie et consentement. Et, tout le problème réside là. En morale, l'autonomie signifie, pour la personne, se donner sa propre loi pour faire « briller » la loi morale et sa dignité. En bioéthique, au contraire, l'autonomie se substitue au *consentement* qui s'emploie comme fondation de l'exigence juridique à être en adéquation avec le vœu du malade pour légitimer l'acte médical. Pour notre part, entre le consentement et l'autonomie, il y a, à n'en point douter, un concept qui est aux prescriptions de la morale : le consentement. Si l'autonomie signifie se donner à soi-même sa propre loi ; le consentement est, au contraire, le fait de donner un accord ou une approbation. Il est clair que, dans ce dernier cas, l'humanité en toute personne s'expose à la *violation*, puisqu'elle est soumise non pas à son propre tribunal (la raison intérieure), mais à une décision étrangère pouvant l'asservir. C'est dans ce sens que l'autonomie demeure en tension avec le consentement dans le débat bioéthique vu que le consentement : « En tant que tel, il est réputé fonder l'exigence juridique de consentement du patient à l'acte médical : c'est bien parce que chacun est réputé autonome qu'il doit être reconnu capable de décider de sa destinée physique et personnelle. C'est donc initialement indépendamment de la complexité des éléments proprement philosophiques de sa définition qu'il a été importé dans la réflexion juridique pour fonder l'exigence de consentement du patient à l'acte médical ; et rares sont ceux qui contestent la validité de ce couple conceptuel, qui préconise son dépassement au motif qu'il y aurait quelque leurre à voir dans le consentement l'expression de l'autonomie (Honnette-Vauchez, S. 2009, p. 38).

Autrement dit, le problème soulevé par le couple autonomie et consentement est d'impliquer en amont le patient dans l'acte médical qui le concerne avant tout. Le problème est de savoir si, au contraire, en associant le consentement du patient ou de ses proches à une décision d'une portée morale telle que l'euthanasie donne lieu à l'universalisation d'un tel acte ? Est-ce parce que nous sommes consentants que nous sommes libres pour autant ?

L'autonomie chez Kant, c'est la capacité d'obéir à des lois morales universelles, alors que, l'exigence juridique du consentement cherche la légalité d'un acte moral. Si le consentement fonde l'exigence juridique, n'est-ce pas parce qu'il y a « un manquement supposé à une obligation morale » (Honnette-Vauchez, S. 2009, p. 38).

Cette inquiétude de Hennette-Vauchez est partagée, puisque le consentement ou l'exigence juridique, on l'aura compris, remplit un vide, celui de l'autonomie, donc de la moralité. La réflexion kantienne sur l'autonomie montre l'ampleur et le sens du devoir qui doivent commander les maximes des hommes y compris celles des « parlementaires de la preuve » sur ce genre « cas ». Ce qui suppose qu'en bioéthique, les « lois juridiques » manquent encore « d'universalité » au point de vue morale, qu'elles ne sont pas déjà fondées sur l'autonomie des malades, ensuite, elles ne sont pas « forcément » les mêmes dans tous les pays (pour ceux qui en ont légiféré) ; enfin les législations varient d'un pays à un autre. Précisément, on ne peut substituer l'autonomie au consentement s'agissant de la dignité de la personne humaine.

4. De la restauration de la dignité

La dignité humaine est valeur suprême ; elle inclut l'intégrité physique et morale comme valeurs inviolables de toute personne. D'ailleurs, si nous n'avions pas la dignité en nous, l'éthique n'aurait aucun sens. Ainsi, pour veiller au respect de la dignité humaine, les politiques ont inventé le mot « bioéthique », pour concilier principes moraux et recherche. Il s'agirait, pour le législateur, de créer une nouvelle discipline, la « bio-éthique », c'est-à-dire concevoir une politique de la vie et décider des normes soi-disant objectives qui seraient une sorte de contrat résultant d'un compromis à un instant donné et pouvant être remis en cause par un autre compromis, d'où les révisions (E. Montfort 2008, p. 54).

Au regard de cette analyse d'Elizabeth Montfort, on peut craindre une sorte de désenchantement de la morale dans ce débat. Autrement dit, les révisions répétitives des lois bioéthiques (la révision des lois bioéthiques a lieu en général tous les cinq ans depuis que le terme bioéthique est apparu en Grande Bretagne, il y a quarante ans), montrent que la morale ne peut se substituer aux lois juridiques temporaires, voire culturelles. Malgré l'effort des Etats à vouloir, de convention en convention, essayer de trouver un « statut » universel aux lois bioéthiques. Mais, ils ne parviennent pas encore à leur donner ce « statut » universel, puisqu'ils les adaptent en fonction de leurs croyances et de leurs mœurs respectives. Et, le débat sur l'euthanasie naît de ces contingences et ces particularités. De fait, « Il s'agit moins de maintenir les principes intangibles du respect de la dignité humaine que d'encadrer juridiquement les transgressions, comme si la morale devait s'adapter aux découvertes scientifiques ou donner satisfaction aux apprentis sorciers qui manipulent la vie » (E. Montfort *ibid.*). Nous comprenons bien que c'est la bioéthique qui doit s'adapter à la morale et non l'inverse pour le respect de la dignité humaine.

Remarquons tout de même que, les défenseurs de l'euthanasie active brandissent le même principe que ceux qui s'y opposent : la *dignité*. Le médecin dit respecter la dignité du patient en limitant ses souffrances, les parents des malades affirment également souhaiter voir mourir leurs proches dans la dignité et le respect de l'intégrité physique et morale que pourrait altérer la souffrance ou la maladie. Certes, cet argument est massif et recevable, on le sait. Car, l'affection qu'un homme a pour un proche peut l'amener à se résoudre à l'euthanasie. Mais, d'un point de vue moral, cet argument ne convainc pas, au sens où donner la mort au nom de la dignité est en *contradiction* avec la raison. Autrement dit, la dignité de la personne est sacrée et elle n'est comme telle que parce qu'elle est toujours « accrochée » à la vie. La vie comme la mort relèvent, en quelque sorte d'une certaine responsabilité morale.

Mais, aujourd'hui, les lois bioéthiques ont tendance à contourner cette question de la responsabilité morale en instituant le principe du compromis ou du consensus dans ce conflit des valeurs et des normes. De la sorte, les lois bioéthiques constituent « (…) l'une des illustrations de la quête contemporaine du consensus par la délibération et le compromis en tant que mode de résolution des conflits » (P. A. Taguieff 2007, p. 79). Avec Kant, au contraire, la dignité va au-delà des apparences de dignité (que l'on assimile parfois à l'amour qu'on a pour un être cher) dans la mesure où cette dernière suppose toujours une prescription morale qui nous oblige d'être des hommes de principe et avoir un caractère déterminé à ne violer l'humanité en n'importe quelle personne.

Conclusion

En Afrique, la question sur l'euthanasie est encore « refoulée », les gens se la posent rarement et n'a pas encore fait l'objet des grands débats politiques dans nos sociétés. Cela ne veut pas dire qu'on ne s'interroge. Mais, cela ne veut pas dire qu'on ne s'interroge pas dans nos hôpitaux, nos universités et dans nos laboratoires. Notre point de vue sur cette question de la « souffrance humaine » est simplement rationnel, qui invite les uns et les autres à se laisser guider par l'idée d'humanité en eux. Car, cette idée promeut des principes d'unité nécessaires pour soutenir et accompagner la recherche scientifique pour la consolidation de notre destin commun. La morale, affirmait Kant, n'est la doctrine qui nous enseigne comment être heureux, mais « comment nous rendre dignes du bonheur » ! On pourrait presqu'à l'identique dire de la même chose du « malheur » (donc de la mort qui arrive par l'euthanasie), c'est-à-dire que, la morale n'est pas la doctrine qui nous enseigne comment être malheureux, mais « comment être digne du malheur » dans notre communauté politique. Et, face à cette question de l'euthanasie, nous avons montré que, seule une éthique de la liberté scientifique peut nous éclairer sur cette voie, parce que cette éthique ne prend en considération que ce qui est inconditionnellement bien ou bon pour le genre humain. Et, justement, parce que l'euthanasie préoccupe hautement le genre humain, il faut donc lui imposer la rigueur de la raison humaine universelle.

Références bibliographiques

KANT, E. (1986d), *Anthropologie du point de vue pragmatique*, in *Œuvres philosophiques,* Coll. « Bibliothèque de la Pléiade », t. III, trad. Pierre Jalabert, Paris, Gallimard.

KANT, E. (1985a), *Critique de la raison pratique,* dans Œuvres philosophiques, Coll. « Bibliothèque de la Pléiade », t. II, trad. J.-R. Ladmiral, J.-M. Vaysse, Paris, Gallimard.

Kant, E. (1985b), *Fondements de la métaphysique des mœurs*, dans Œuvres philosophiques, Coll. « Bibliothèque de la Pléiade », t. II, trad. Victor Delbos, Paris, Gallimard.

KANT, E. (1986e), *Métaphysique des mœurs*, dans Œuvres philosophiques, coll. « Bibliothèque de la Pléiade », t. III, trad. Joëlle Masson et Olivier Masson, Paris, Gallimard.

KANT, E. (1975), *Fondements de la métaphysique des mœurs*, trad. Victor Delbos, Paris, Delagrave.

KANT, E. (1985c), *Prolégomènes à toute métaphysique future qui pourra se présenter comme science, Œuvres philosophiques,* Coll. « Bibliothèque de la Pléiade », t. II, trad. Jacques Rivelaygue, Paris, Gallimard.

KANT, E. (1986f), *La religion dans les limites de la simple raison,* Œuvres philosophiques, coll. « Bibliothèque de la Pléiade », t. III, trad. Alexis Philonenko, Paris, Gallimard.

KANT, E. (1997), *Leçons d'éthique*, trad. Luc Langlois, Paris, LGF.

MONFORT, Élisabeth et Pierre-Olivier Arduin (2008), *Liberté Politique, guide politique de bioéthique*, Toulouse, éd. Privat.

TAGUIEFF, P. A. (2007), *La bioéthique ou le juste milieu. Une quête de sens à l'âge du nihilisme technicien,* Paris, Fayard.

HENNETTE-VAUCHEZ, S. (2009), *Le droit de la bioéthique,* Paris, La Découverte.

VINCENTI, L. (2008), « Philosophie des normes chez Kant », Multitudes, 2008/n°34, pp. 206-241. DOI : 10.3917/mul.304.0206.

RENAUT, A. (2000), *Découvrir la philosophie: La morale*, Paris, Odile Jacob.

WEIL, É. (1990), *Problèmes kantiens*, 2e éd. rev. et augm., Paris, Vrin.

Bioéthique et difficultés d'application des prouesses biotechnologiques en Afrique

Martin Fortuné MUKENDJI MBANDAKULU
Professeur Ordinaire,
Université Pédagogique Nationale, R. D. Congo

Introduction

Parler de la science et de la bioéthique fait penser à une forêt très dense où chaque cultivateur prend une petite portion qu'il essaye de dessoucher. Il est question, ici, d'abord de la science. Nous n'allons pas nous attarder sur le concept dont chaque intellectuel, chaque penseur, a un entendement personnel. Nous pouvons nous contenter de notre propre conception de la science que nous définissons, d'une part, comme un ensemble des connaissances acquises historiquement, systématiquement et méthodiquement, basées sur des arguments probants et convaincants. La science, d'autre part, est pour nous, l'explication de la découverte ou l'explication progressive des lois qui régissent les phénomènes de l'univers.

Dans le contexte du thème « Science et bioéthique », on songe à deux sciences, à savoir, la biologie et la médecine (la biomédecine). En effet, lorsque l'on parle du progrès scientifique en face duquel se trouvent les exigences éthiques, il s'agit de la biologie et de la biomédecine. C'est donc surtout aux limites de l'éthique médicale qu'on a affaire. Les prouesses technologiques en biologie ont induit le progrès des technologies biomédicales. À première vue, on serait tenté d'évoquer le verset de l'Ecclésiaste qui dit qu' « il n'y a rien de nouveau sous le soleil ». Car, si les problèmes d'ordre multiple que pose le développement des technologies biomédicales sont d'une brûlante actualité dans leurs aspects pratiques, il n'en demeure pas moins que les quelques questions théoriques soulevées sont parmi les plus anciennes interrogations de l'esprit humain, débordant largement le cadre de la traditionnelle éthique médicale, qui n'est plus prise comme cadre explicite de référence. Ce nouveau terme se propose de rendre compte de l'interaction de tous les secteurs d'activité technoscientifique, qui ont pour objet l'être humain en tant que tel. Les champs d'investigations recouverts par la bioéthique dépassent le cadre strict de la médecine, pour englober un ensemble plus vaste appelé « sciences de la vie ». Cependant, c'est à partir de la médecine que la bioéthique a émergé. C'est pourquoi, il paraît opportun d'accorder une attention particulière aux rapports historiques qu'entretiennent la médecine et, dans son sillage, la biologie, avec l'éthique.

C'est dire que, ce nouveau champ d'interrogation a bénéficié dans sa genèse, des développements historiques spécifiques ainsi que d'une évolution culturelle qui ont marqué l'humanité depuis le milieu du XXe s. Les horreurs commises durant la Seconde Guerre mondiale au nom d'une science, dénaturée par des hommes au service d'une idéologie politique, ont constitué un sursaut et sont à l'origine de la nouvelle réflexion sur l'éthique scientifique, en général, mais, plus particulièrement, en matière des sciences de la vie. La bioéthique, à la seconde moitié du XXe s, s'est développée sur fond d'une quiétude, largement fondée et justifiée, car, les atteintes ou les possibilités d'atteinte, à la personne humaine ne furent pas une des manifestations du nazisme historiquement, mais, sont inscrites au cœur même de la pratique scientifique et de l'exercice de la médecine car, après tout, ces secteurs d'activité sont le fait des hommes. La nouveauté, voire l'originalité, de notre époque, c'est qu'aujourd'hui, nous sommes en mesure d'agir et de changer les règles de jeu, soit en altérant le programme génétique soit en modifiant les conditions de son exécution.

Dans les années 1960, plusieurs affaires retentissantes sont venues rappeler, à l'opinion publique et à la communauté scientifique, le danger d'un certain pouvoir des hommes de science, de ce biopouvoir dont M. Foucault a analysé la montée et les caractéristiques. On se souviendra, entre autres, du scandale de la thalidomide et des milliers d'enfants phocomèles qui naquirent à la suite de la prescription de cette substance durant la grosse. De même, on garde le souvenir amer de plusieurs affaires où les hommes de science ont fait fi de toute considération éthique ; l'injection de cellules cancéreuses à des vieillards sans défense ; inoculation du virus de l'hépatite B à des enfants retardés mentaux, sans oublier le cas des populations syphilitiques traitées ou non traitées, mais à leur insu.

À partir des années 1970, à la suite du développement de la génétique, de nouvelles possibilités sont apparues aux mains du biopouvoir. Si elles ne portent pas atteinte, de manière explicite, à l'intégrité physique de la personne humaine, elles n'en soulèvent pas moins des problèmes d'ordre éthique et juridique tout à la fois qu'elles autorisent, pour la première fois dans l'histoire, la dissociation de la filiation et son déterminant biologique ainsi que de son contexte familial classique. Cette remise en question n'est pas seulement d'ordre conceptuel et philosophique, quand on pense que beaucoup d'outils juridiques ont, comme prédicat, la figure classique de la famille ; c'est le cas notamment de la Déclaration Universelle des Droits de l'Homme, en 1948.

À la lumière de nouvelles prouesses technologiques, ces textes fondamentaux du droit international apparaissent, dans la meilleure des hypothèses, neutres ou ambigües et dans la pire, semblent être quotidiennement violés et bafoués. Parallèlement, à la suite des bouleversements sociaux des années 60 marqués par les revendications sociales, l'affirmation de droits individuels et contestation des sources de l'autorité, on a assisté à l'exposition de nouveaux champs d'interrogation éthique. La crise de l'autorité médicale est un corollaire de cette évolution des mentalités. Les débats en philosophie morale sont, de plus en plus, portés sur des situations précises, souvent conflictuelles, dans une société où les repères éthiques ne sont plus nécessairement partagés mais, de plus, peuvent se trouver subjectivement irreductibles.

L'expression « éthique appliquée », engobant la biologie, fait donc référence à l'analyse des situations particulières, en mettant l'accent sur l'issue pratique. Pour cela, on fit progressivement appel à des philosophes en vue d'aider à la réflexion, de clarifier certains enjeux ou de participer à des enseignements. C'est dans ce climat qu'il y a lieu de situer en 1969, l'initiative entre autres du philosophe Daniel Callaghan qui, avec d'autres penseurs et chercheurs préoccupés de nouer entre spécialistes de disciplines diverses, ont mené une réflexion dans le domaine biomédical.

Ainsi, la structuration de l'approche bioéthique vient de la rencontre, ou plutôt des retrouvailles de la pression des événements et des développements techniques qui se sont succédés à grande vitesse depuis la fin de la Seconde Guerre mondiale. Les questions d'éthique dans la pratique médicale ne sont pas nées de la bioéthique. On serait même tenté de dire que, l'éthique précède la médecine. Car, on ne voit pas ce qui, a priori, devrait pousser l'homme à vouloir soulager son semblable.

Depuis son apparition donc, la bioéthique se présente comme un lieu de rencontre et de dialogue entre diverses disciplines telles que la médecine, la biologie, les sciences infirmières, l'éthique philosophique, l'anthropologie, le droit, voire la métaphysique et la théologie. De plus, le champ d'application et les problèmes que recouvre la bioéthique sont l'objet et l'enjeu de controverses idéologiques et philosophiques qui présentent, certes, une importante dimension spéculative, mais, qui ont surtout des prolongements pratiques associés à des choix politiques et des choix de sociétés (comme les sociétés africaines) qui, inéluctablement, ont une répercussion évidente sur les générations futures.

Une question importante se pose aujourd'hui, celle de savoir le statut épistémologique de cette interaction pluridisciplinaire. Et, nous posons une autre question, non la moindre dans le contexte de l'Afrique, celle de savoir si les prouesses auxquelles les progrès des techniques biomédicales ont amené l'humanité, sont d'usage ou acceptées en Afrique ? C'est autour de cette question fondamentale que nos réflexions sont axées.

Pour une meilleure intelligibilité du cheminement logique de nos cogitations, nous avons subdivisé le texte en trois points à savoir, le premier qui va se pencher sur l'éthique de la science ; le deuxième planche sur la bioéthique qui est entre le développement technoscientifique et l'interrogation éthique ; le troisième tourne autour des difficultés d'application des prouesses biomédicales en Afrique.

I. Éthique de la science

La science et l'éthique ne sont pas aussi opposées qu'on le pense. La recherche scientifique, pour être prodigieuse, doit être faîte dans le respect de l'éthique.

I.1. Conception générale

I.1.1. Le rôle de l'éthique de la science

L'éthique de la science ou de la recherche scientifique s'interroge sur le sens et la responsabilité de la science (S. Auroux 1998, pp. 141-144). Au moyen d'observation et d'expérimentation, d'une d'analyse et d'autres procédés, la science cherche méthodiquement une connaissance vraie de l'état des choses (de la nature, de la société, du langage, de l'art et de la connaissance elle-même), ainsi que leurs causes et leurs lois. Le désir naturel de savoir se réalise dans la science.

De l'Antiquité jusqu'au rationalisme moderne, on entendait par science, la forme supérieure du savoir : l'idéal d'une connaissance certaine et nécessaire; déduite de principes vrais et absolument premiers. Les sciences modernes comprennent leurs propositions comme des hypothèses (plus ou moins vérifiées) qui, soumises à un examen critique, doivent toujours être modifiées et révisées.

Malgré ce changement radical de perspective, la tâche morale de la science est demeurée la même: soumettre la recherche et l'enseignement à une exigence sans compromis de vérité. Que la recherche soit motivée par la curiosité théorique, par des nécessités techniques relatives à la nature ou à la société; par des intérêts critiques herméneutiques ou thérapeutiques, ses énoncés ne devraient comporter aucun élément "subjectif", c'est-à-dire exprimant des préférences ou des croyances personnelles ou collectives. Seule doit compter, l'idée de la vérité : « l'idée ».

L'éthique de la science interdît de s'en remettre dogmatiquement à une conviction ou à une autorité; elle exige d'examiner toute affirmation quant à sa validité, de vaincre tous les préjugés qui résultent toujours à nouveau de l'illusion des sens, des équivoques du langage, des raisonnements malformés, de l'habitude, de la tradition ou des idéologies. Elle impose de chercher à comprendre progressivement toujours plus amplement et plus fondamentalement, la réalité de la nature et de l'homme.

I.1.2. La soumission de la science à l'éthique

Alors que dans la théorie antique, la structure immuable du cosmos est contemplée sans intérêt, la science moderne abandonne le modèle dominant de l'idéal contemplatif; de l'action dans l'esprit Elle devient, avec l'expérimentation, une « action dans et sur le monde ». En effet, comme « le travail sur le monde », s'effectuait d'abord en une moindre mesure sur les matières inertes, le besoin de l'éthique de la recherche scientifique ne s'est pas fait sentir. Aujourd'hui, en revanche, les expérimentations peuvent changer la flore, la faune et la terre. De plus, les centres de recherche, tels les laboratoires de recherches génétiques, renferment des dangers qu'on ne connaissait pas. C'est pourquoi, des réflexions sur des mesures de sécurité doivent faire partie intégrante de la recherche, et dans les cas importants, la mise en œuvre d'un contrôle indépendant est nécessaire. La charge de la preuve sera, dès lors, du côté des chercheurs qui doivent prévoir les dangers potentiels avec le même soin que celui qu'ils mettent à chercher de nouveaux résultats de recherches. On expérimente, aujourd'hui, sur des animaux et des êtres humains au point que la neutre curiosité qu'il y avait à l'origine, perd son innocence.

I.1.3. Les limites éthiques de la recherche scientifique

Mais, il est interdit de faire des expérimentations sur l'être humain qui, au nom de la curiosité et de l'intérêt intellectuels, vont à la rencontre des normes universellement reconnues, telles que l'interdiction de mentir, le droit à la vie et à l'intégrité corporelle, à la sphère privée, l'autonomie et le droit au libre épanouissement. Le principe éthique « objectivité scientifique », mais non sans aucun égard pour les «objets », vaut également pour des expérimentations scientifiques sur les animaux dans la mesure où ceux-ci peuvent sentir la douleur, se souvenir et donc avoir peur. Des expérimentations sur les animaux ne sont légitimes que dans des recherches médicales et pharmacologiques dont les buts sont très précisément déterminés et limités au strict nécessaire. Elles doivent, de plus, s'en tenir à une rigoureuse diminution de la souffrance (Protection des animaux).

La science moderne s'est soumise elle-même à une responsabilité éthique. Elle veut faciliter la vie humaine, plus spécifiquement diminuer la souffrance. Avec les sciences naturelles, elle veut libérer les hommes des besoins matériels (la faim, la pauvreté et la maladie), avec l'aide des sciences sociales, les libérer des besoins de nature sociale et politique (discrimination, oppression et exploitation). La recherche moderne a, en effet, réussi une série de découvertes qui ont amélioré la vie et favorisé la civilisation.

Mais, à la fin, la domination de la nature et (incohativement) de la société, présente un double visage. La recherche représente un énorme potentiel de pouvoir qui, comme chaque pouvoir, n'est pas uniquement capable de venir en aide, mais également, de détruire. La destruction ne commence pas seulement avec un usage qui, telles des armes, peut s'opposer au bien-être de l'homme. Les effets secondaires, conduisent au changement de la nature et du monde social, à l'épuisement des réserves d'énergie, à la destruction de l'environnement, à l'explosion démographique et à la complication des rapports sociaux.

D'un autre côté, sans la recherche, on peut à peine se représenter la garantie d'une survie des hommes. En outre, on peut attendre une aide de nouvelles découvertes et inventions en vue de maîtriser les dommages résultant des effets secondaires. C'est pourquoi, un rejet pur et simple de la science n'est pas raisonnable. Il faut, au contraire, la soumettre aux questions suivantes : les maux que contient la nature, seront-ils réduits? La vie en est-elle sauvée, conservée, protégée et a-t-on aidé à une vie digne d'être vécue par des êtres humains ou introduit-on des risques et des facteurs de destruction dans la nature? Le principe directeur éthique et politique s'appelle sauvegarde et humanisation de la vie humaine, y compris la variété de son environnement. La reconnaissance de ce principe par des formes de contrôle de soi ou alors par des organes institutionnels étatiques, dépend largement de la communauté des chercheurs, par exemple, de leur capacité d'introduire, dans les critères de la bonne expérimentation, des principes éthiques et si nécessaire, de prendre en considération, dans la promotion de la recherche, non seulement des aspects techniques, mais encore éthiques et écologiques. Les corporations des scientifiques peuvent établir des directives comme déjà le cas des médecins ou psychologues.

I.1.4. Le devoir de communication des résultats de recherches

En raison de l'importance qu'ils ont acquise dans de nombreux secteurs de la vie moderne, les scientifiques ont le devoir non seulement de communiquer leurs recherches à leurs collègues, mais également, de les faire connaître à un large public. Cela ne signifie pas que toutes les étapes de la recherche puissent être accessibles à tout le monde, mais que, des résultats importants et des controverses scientifiques de portée générale, soient vulgarisées mais non dénaturées par les mass-médias.

I.1.5. Le devoir de vérité et d'humanisme

L'intérêt moderne pour les effets techniques et sociaux de la science a relégué au second plan, ce qui, pour Aristote, était une préoccupation centrale. Celle-ci n'a pourtant rien perdu de sa valeur corrective: à côté de ses aspects technologique, critique, herméneutique et thérapeutique, la science est également une attitude fondamentale. Du fait de sa responsabilité à l'égard de la vérité, le savant s'élève au-dessus des intérêts particuliers. La recherche de la connaissance vraie appartient aux activités de l'être humain, qui ne sont pas orientées vers l'utile mais, qui ne sont pas inutiles. La science peut être une forme d'existence humaine dans laquelle on ne se contente pas d'acquérir des biens nécessaires, de s'installer dans le confort, de jouir de la vie et de travailler au progrès matériel. Il s'y exprime des valeurs de liberté et d'humanité (humanisme scientifique) que le savant peut et doit partager avec l'artiste, avec l'artisan de la justice et de la paix, le philosophe inquiet du sens du monde et de l'existence humaine.

Une éthique de la recherche ne se limitera pas à des interdictions d'une déshumanisation de la pratique de la recherche ou de ses effets, mais, valorisera l'humanité comme l'idée normative de la recherche pratique. De l'avis général, toutefois, un tel code d'éthique puise sa force non pas dans la menace explicite des sanctions mais, dans le désir subjectif interne d'estime de soi et de reconnaissance sociale, en vertu de l'adhésion à un idéal moralement fondé. Le rapport de la connaissance scientifique à la morale a longtemps été marqué par la conception platonicienne qui faisait du bien, le principe du monde des Idées, interdisait qu'on puisse concevoir qu'une activité cognitive scientifique, ou l'une de ses conséquences, puisse recevoir une évaluation morale négative.

Dans une telle perspective, la question de l'éthique scientifique ne se pose même pas. Elle intervint à l'époque moderne, quand la science est devenue l'activité professionnelle d'un corps de spécialistes et l'un des principaux moyens de production et de domination dans les sociétés modernes et les rapports internationaux. Il convient de ne parler d'éthique scientifique que lorsque le rapport de la science au bien ne peut plus être conçu comme une liaison automatique, mais comme l'objet d'un choix.

I.1.6. La loyauté dans la concurrence

Parmi les conceptions traditionnelles du savoir scientifique, celle que la professionnalisation et l'engagement dans la production industrielle ont sans doute rendue définitivement caduque, consiste à le définir par le désintéressement. Si l'intérêt pour la connaissance n'est pas négligeable dans le choix d'une carrière scientifique, il s'agit d'une carrière avec ses obstacles, ses situations de concurrence, ses rapports de pouvoir, ses opportunités, ses satisfactions, etc. Là, comme ailleurs, la fraude, l'espionnage, les manœuvres pour écarter la concurrence, la lutte pour obtenir les résultats, sont des pratiques possibles. De manière générale, la communauté scientifique est organisée selon des principes déontologiques relativement stricts visant à assurer la loyauté de la concurrence, la reconnaissance de l'antériorité des découvertes et de leur attribution à leur inventeur, le contrôle des assertions par la communauté et la diffusion des connaissances.

L'activité scientifique est soumise au contrôle par les pairs (publications, colloques, comités de lecture des revues, commissions d'attribution des crédits, etc.). Même si l'on est parfois quelque peu étonné de la « cuisine » que nécessitent certaines grandes découvertes, la pratique déontologique des chercheurs correspond à un consensus relativement large. Si la conception platonicienne est falsifiée, en ce que le savoir scientifique peut permettre l'asservissement d'un peuple, et la destruction des individus comme de leur environnement, il n'en demeure pas moins que, sans le respect de certaines règles éthiques, la production du savoir scientifique serait impossible.

De ce que la science est rapport à la vérité, il est évident que la fraude (l'annonce de résultats injustifiés), même si elle est un produit quasi naturel de la bureaucratisation de la science moderne, ne peut qu'entraver le développement scientifique conçu dans sa globalité. Il en va de même pour la relation des informations que suscite parfois la concurrence.

I.1.7. Le refus d'utilisation des pratiques immorales en science.

Cela n'implique pas que, dans telle ou telle condition particulière, une action immorale (vol d'information, expérimentation prohibée, etc.) ne puisse aboutir à des connaissances valables. Supposons que des résultats scientifiques soient obtenus dans des conditions contraires à l'éthique (parmi d'autres, cas de la médecine nazie, notamment de ses expériences concernant la résistance au froid) doit-on les utiliser, quand bien même, on peut argumenter en mesurant les avantages et désavantages de l'une ou l'autre des positions à partir de ses conséquences ou refuser toute utilisation scientifique des pratiques immorales, au risque d'entraver le progrès scientifique ?

I.1.8. La responsabilité de chercheur

De fait, les grands débats d'éthique scientifique, si l'on excepte ce qui relève de l'expérimentation biologique, concernent moins les conditions d'obtention du savoir que les conséquences de sa production. Généralement, on vise par là le problème de la responsabilité du chercheur vis-à-vis de l'utilisation possible de ses découvertes. Ce problème a été mis en lumière par le rôle des physiciens dans la mise au point de la bombe atomique, lors de la dernière guerre mondiale. Il se pose également dans le cas des manipulations génétiques. Il n'y a aucune raison pour que les règles morales concernant les travailleurs scientifiques diffèrent de celles que l'on applique aux autres hommes (qu'ils soient travailleurs ou militaires), lorsqu'ils sont engagés dans des actions collectives répréhensibles.

La classe la plus importante de problèmes éthiques à la production du savoir scientifique concerne probablement, aujourd'hui, la politique scientifique. Les investissements possibles étant toujours limités, quelque grande que puisse être leur somme, la poursuite de la production d'un certain savoir, a nécessairement, pour effet, de retarder la poursuite de l'obtention d'un autre, il n'est pas éthiquement indifférent d'affecter des crédits et des chercheurs à la physique des particules, à la recherche médicale ou à la description d'un langage en voie de disparition.

De là résulte que la question de l'origine des choix qui guident une politique scientifique puisse se poser et qu'il soit rationnel d'envisager la question de savoir à quelles conditions l'élaboration d'une politique scientifique peut respecter les principes de la démocratie. Puisque, enfin, par le biais de l'investissement et des programmes à long terme, la recherche scientifique est nécessairement financée, la question n'est pas de savoir si la recherche est désintéressée ou pas, mais, s'il serait éthiquement tenable de lui assigner le seul progrès scientifique comme fin absolue.

I.1.9. Les aspects moraux dans la recherche biologique

Le cas le plus explicite et le plus éloquent est celui de la nécessité de l'éthique biologique. Il s'agit d'une discipline qui a pour objet, les aspects moraux de la biologie. L'éthique biologique peut se décomposer en une éthique interne et une éthique externe à la science. Par éthique interne, il faut entendre tous les impératifs qui assurent l'honnêteté du chercheur dans le cadre de sa recherche et dont la négligence conduit aux fraudes scientifiques (*ibid.*, p. 874). Par éthique externe, il faut entendre les problèmes des rapports de la biologie avec la société : légitimité des recherches sur l'animal vivant, sur le cobaye humain, légitimité des applications de la biologie au regard de la liberté individuelle et des droits de l'homme. On parle particulièrement de la bioéthique (Avec les problèmes de l'insémination artificielle, de la fivete, clonage, des techniques des gènes, de l'euthanasie, de l'expérimentation et des greffes des organes).

I.2. Ethique de l'environnement

L'éthique de l'environnement (A. Beauchamp 1993), encore appelée «éthique environnementale », « éco-éthique » ou « éco-philosophie » (M. F. Mukendji Mbandakulu 2010), regroupe tout un champ de questions ayant pour objet les relations qu'entretient l'être humain avec la nature. La réflexion éthique vise à justifier un ensemble plus ou moins structuré selon le cas, de comportements, d'attitudes, de valeurs à l'égard des animaux, du vivant, des zones biologiques et de la biosphère.

Dans ce champ très vaste, le développement technoscientifique est à nouveau au centre de la réflexion. Depuis le XIXe s, l'être humain utilise de plus en plus technologiquement la biosphère par les moyens de l'instrumentalisation, la domestication, l'agriculture, l'industrialisation et l'urbanisation. Or, ce développement technique, s'il induit certains progrès pour l'humain (meilleures conditions de vie matérielle, amélioration de la santé, etc.), porte également des éléments négatifs, voire destructeurs d'écosystèmes, en générant les pollutions industrielles ou agricoles, la production des matières dangereuses, l'épuisement des ressources naturelles, la modification générique des espèces animales, la disparition de la diversité biologique dans certains sites, etc. Les questions éthiques s'élargissent donc aux conditions de la planète, de l'être humain dans la nature, à la distribution équitable des richesses et aux conditions du bien-être de l'humanité, à la responsabilité personnelle ou collective –envers les générations futures, etc.

I.2.1. L'éthique de l'environnement comme dialogue pluridisciplinaire

Tout comme la bioéthique, l'éthique de l'environnement est caractérisée d'emblée par le dialogue pluridisciplinaire. L'écologie (plus largement la biologie) est la discipline scientifique qui fournit les données factuelles et techniques ainsi que les alternatives pratiques. Aussi est-elle le partenaire essentiel de la réflexion éthique.

Cependant, tout comme dans l'éthique professionnelle, l'économie et le droit en constituent deux forces normatives incontournables auxquelles s'ajoute le politique, car, les enjeux environnementaux sont souvent le site de rapports de forces entre différents acteurs sociaux (les entreprises, les groupes écologistes militants, le gouvernement et la population). D'autres disciplines sont également mises à contribution, telle la sociologie, l'anthropologie, etc. Ce dialogue pluridisciplinaire est peut-être encore plus difficile que dans les autres secteurs de l'éthique appliquée, en raison de la complexité des problèmes (du micro au macro), de leur interconnexion sur de nombreux plans (des structures sociales aux régimes politiques, des transferts de technologies aux rapports culturels vis-à-vis de la nature, de la mondialisation de l'économie et des rapports entre pays industrialisés et en développement). En pratique, les enjeux financiers, les critères économiques et les forces politiques, rendent le dialogue difficile et la résolution de problèmes passe souvent par un mode de confrontation qui aboutit régulièrement à un règlement d'ordre juridique. Cependant, on voit apparaître progressivement d'autres modalités de résolution de problèmes environnementaux (consultation, audience publique, médiations, etc.) où l'analyse éthique n'est davantage sollicitée que sur un mode rhétorique.

I.1.2. Les courants de l'éthique de l'environnement

L'analyse éthique des questions d'environnement reste encore peu systématisée au plan méthodologique, bien que l'on puisse identifier quelques courants dominants. Un premier courant, tout comme en bioéthique, s'intéresse avant tout aux cas, aux situations concrètes. L'analyse éthique porte soit sur des problèmes locaux, comme la protection d'un espace boisé dans un centre urbain, ou un problème de remblayage d'une rivière, soit sur des problèmes à l'échelle nationale, telles la gestion des déchets, la politique énergétique (le développement de centrales hydroélectriques, thermales ou nucléaires), soit encore sur des problèmes à l'échelle internationale ou mondiale, comme les pluies acides ou la diminution de la couche d'ozone (M. Canto-Sperber 1996, pp. 538-539).

Dans chacun de ces cas, l'analyse éthique orientée en est fonction d'une gestion du problème environnemental. À nouveau, il s'agit d'une forme de casuistique par laquelle il s'agit d'identifier le problème éthique, de clarifier les enjeux (va-t-on adopter une perspective anthropocentriste ou éco-centriste) et ultimement, de proposer des avenues normatives pour résoudre ces problèmes de la biodiversité et de développement durable ou (des critères de rentabilité économique ou de politique partisane ou stratégique). La visée de cette approche méthodologique est la prise de décision dans une situation précise et bien documentée[32].

Le deuxième courant élargit l'analyse éthique des questions environnementales à des dimensions plus réflexives. Une première approche, plus anthropocentriste, s'inscrit dans le sillage des théories éthiques traditionnelles, en tentant de reformuler certains concepts, afin qu'ils soient adaptés au contexte contemporain dominé par le développement des sciences et des techniques. Ainsi, des philosophes discutent du concept de «communauté morale » et de son extension. Par exemple, l'utilitarisme de Peter Singer propose que les animaux, par leur capacité de souffrir, rejoignent les êtres humains dans la communauté morale, afin que leurs intérêts soient considérés comme un droit. D'autres, en dialogue avec des juristes, s'interrogent sur l'idée de faire de la nature, un sujet de droit ou encore un « patrimoine

32 Voir la Convention de Rio de Janeiro, en 1992 et l'Action de l'agenda 21.

vivant », afin de définir le contenu de cette protection juridique. Cette approche est plutôt critique de l'héritage de Descartes (« maîtres et possesseurs de la nature ») et de l'idéal de progrès technique et moral du XIXe s, mais fondamentalement adhère à l'idée de la primauté de la rationalité humaine dans sa capacité de gestion « sage » des problèmes environnementaux.

Une seconde approche, rejetant l'anthropocentrisme, en appelle à un renversement de perspective, et propose une forme d'holisme selon lequel il s'agit de redécouvrir les liens fondamentaux qui unissent tous les vivants (bio centrisme) ou l'ensemble de la communauté écologique (vivants et non-vivants) dont les humains ne constituent qu'un élément (éco-centrisme). Cette approche dite « écologie profonde » (*deep ecology*) connaît plusieurs variantes. Certains auteurs accordent une priorité plus ou moins absolue à l'intégrité de l'écosystème. La nécessité de garder intacte (*wildeness*) la nature (en partie ou en totalité) de la transformation technologique de l'humain est pour plusieurs, un élément important à partir duquel peuvent se greffer différentes formes de spiritualisme (panthéisme, organicisme, hindouisme, etc.) ou d'esthétisme.

Le respect de l'intégrité des écosystèmes a des conséquences importantes dans la résolution de problèmes précis. Les solutions de préservation et de conservation, de ralentissement du développement technoscientifique et économique prévalent et, dans certains cas, au détriment des êtres humains.

I.1.3. L'éthique environnementale et la condition de la femme

L'écoféminisme est une autre variante de cette approche, il exprime le rejet des formes d'oppression et de domination que connaissent tant les femmes que l'environnement. Les approches éco-centristes remettent donc en question la modernité, c'est-à-dire le rapport d'instrumentalisation de la nature et la rationalité qui la sous-tend, pour y substituer une forme de sacralisation de la nature qui délimite les prétentions humaines envers celles-ci. C'est aussi en étudiant les problèmes d'environnement qu'on essaye de résoudre les problèmes du genre et de la parité.

2. *La bioéthique entre biotechnologie et l'interrogation éthique*

2.1. Contexte d'émergence de la bioéthique

La bioéthique n'a pas été forgée par un philosophe ? Mais par un oncologue, Van Rensselaer Potter, qui publia en 1971, un article intitulé « Bioethics, the science of survival » (Voir G. Hottois 2004, p. 11). C'est un mot nouveau apparu aux Etats-Unis d'Amérique, cristallisant des mouvements, des aspirations, des discours et des pratiques qui questionnent et mettent en cause des avancées des techniques biomédicales. Il s'agit de cette tension entre la maîtrise technique et la limite posée par des normes ou encore science des interfaces (M. Canto-Sperber 1996, p. 155). Elle suscite encore maintes discussions sur son statut, ses méthodes et ses buts. Lorsque l'on parle de progrès scientifiques en face duquel se tiennent les exigences éthiques, il s'agit de la biologie et de la médecine. Mais, c'est surtout aux limites de l'éthique médicale qu'on a affaire. En effet, les questions relatives à l'éthique dans les pratiques biomédicales ne sont pas nées de la bioéthique. L'éthique médicale ou l'*ethos* propre à la profession médicale, repose sur une longue tradition remontant au serment d'Hippocrate (M. F. Mukendji Mbandakulu 2012). Toutefois, durant la Seconde Guerre mondiale, les expériences horribles des médecins nazis sur les êtres humains avec la complicité du pouvoir politique, ont induit une véritable perversion de la science et de la médecine. Le code de Nuremberg de 1947 contient des principes concernant l'expérimentation humaine, particulièrement le principe du consentement humain pour guider à l'avenir les médecins en matière de recherche médicale. Il a influencé de façon explicite et déterminante, les déclarations internationales sur l'expérimentation humaine subséquente.

Cette convergence, au niveau international, entre l'éthique médicale et les Droits de l'homme, se focalise sur la nécessité de protéger l'être humain des abus de pouvoir de l'État, en s'assumant de même que celui-ci remplit ses obligations (protection, sécurité, assistance) en particulier, les conditions qui assurent la santé. Globalement, l'éthique médicale des Déclarations internationales se place sous le signe d'un humanisme progressiste, peu critique, du développement technoscientifique. Il s'en est suivi des revendications sociales mettant en mal l'autorité médicale. En fait, parallèlement aux préoccupations morales de l'éthique médicale, d'autres mouvements idéologiques ou critiques se sont développés dans l'espace public, radicalisant certains débats. Ceux-ci ont entraîné des changements sociaux considérables dans la vie privée et la vie publique (décriminalisation du suicide, de l'avortement, de l'homosexualité ; législation du divorce, des moyens de contraception ; désinstitutionalisation des malades psychiatriques, etc.). Des revendications ont aussi touché le milieu médical en dénonçant le paternalisme des médecins dans la relation thérapeutique (par les théologiens) et le non-respect des sujets de certaines expériences médicales (par les scientifiques).

Ainsi, l'autorité médicale et le savoir des experts sont progressivement remis en question par d'autres champs de la connaissance. La bioéthique advient dans ce contexte de crise du pouvoir médical et scientifique, où l'éthique médicale n'est pas suffisante pour répondre à la démocratisation des savoirs, au pluralisme des valeurs et à la sécularisation de la société. Ce qui amène aux ambivalences sociales face au modèle technoscientifique de la médecine. Ces critiques sociales ont une autre cible principale : le développement technoscientifique. Depuis le début du XXe s, la médecine a multiplié des capacités d'intervention efficacement sur l'être humain malade, tant par les moyens médicamenteux que par des techniques sophistiques d'intervention (chirurgie cardiaque, réanimation, transplantation d'organes, etc.) La pratique médicale est devenue plus technique. Mais, surtout, l'utilisation des techniques biomédicales peut être orientée à des fins autres que strictement thérapeutiques, dans un but de convenance personnelle (J. F. Malherbe 1987). Le modèle technoscientifique tend à dominer le développement de la médecine. L'on comprend, comme le dit J. Bernard : « la bioéthique, c'est d'abord une double rigueur, la rigueur glacée de la science, la rigueur rigide de la morale » (J. Bernard 1990, p. 15).

Les questions qui surgissent (philosophiquement), concernant les limites des connaissances techniques de l'impératif technicien, sont notamment de savoir si tout ce qui est techniquement possible sur les capacités manipulatrices de la biomédecine force à repenser des concepts traditionnels qui structurent l'univers symbolique et l'espace social. La bioéthique arrive également dans ce contexte d'interrogations et de contestations des possibles techniques en biomédecine. Il y a eu plusieurs tendances. Une première tendance est celle de ceux qu'on peut appeler antiscientifiques, qui juge qu'il faut respecter les lois de la nature et conserver la nature humaine telle qu'elle est. Cette position est défendue davantage par des religions, telle l'Église catholique qui s'est prononcée contre les technologies de procréation et l'euthanasie. D'autres, dans une visée prudentielle, sont à la recherche de critères pour définir le « bien » de l'humanité afin de gérer le développement biomédical. D'autres encore, progressistes, adhèrent à l'impératif technicien et affirment qu'il n y a pas de limite éthique à imposer à la recherche biomédicale.

2.2. Naissance de la bioéthique

Au carrefour d'une éthique médicale limitée aux médecins, des revendications sociales où s'expriment un désir d'autonomie, d'ambivalence par rapport au développement d'une médecine technoscientifique, la bioéthique naît donc aux États-Unis et se structure progressivement. D'un pays à l'autre, la bioéthique développe des pratiques propres au contexte socioculturel. Par exemple, aux États-Unis, la bioéthique s'est rapidement répandue tandis qu'en France, on a mis sur pied un comité consultatif national d'éthique qui a entraîné une dissémination timide même contestée de la bioéthique dans les pratiques médicales et l'enseignement universitaire. Potter Van Rensseloer s'est proposé de bâtir une éthique utilisant les sciences biologiques pour améliorer la qualité de la vie. Or, depuis la fin des années 60, des universitaires américains (théologiens, philosophes ainsi que médecins), s'étaient regroupés pour s'interroger sur le développement technologique, principalement en médecine. C'est au philosophe Callaghan que revient l'honneur d'avoir fait de la bioéthique une discipline dès le premier numéro de la revue *Hastings Center Report*, en 1973. Ainsi, la discipline « bioéthique » y est présentée comme englobant, mais dépassant l'éthique médicale, c'est-à-dire une éthique pour les médecins, car, elle concerne tous les professionnels de la santé, l'ensemble des problèmes ayant ou non une visée thérapeutique, les dimensions sociopolitiques, tant humaines que les règnes animal et végétal (écocentrisme).

2.3. Définition de la bioéthique

La bioéthique désigne les recherches qui portent sur les problèmes moraux suscités par l'emploi de nouvelles techniques biomédicales, notamment les interventions sur la procréation humaine, sur le patrimoine génétique, l'euthanasie et les soins palliatifs, les prélèvements d'organes ; les expérimentations sur l'être humain en constituent les rubriques principales. Les interventions sur les autres êtres vivants, espèces végétales ou animales et plus généralement toutes les incidences de la maîtrise technique sur la biosphère, donnent aussi une matière à réflexion morale et appartiennent également au domaine de la bioéthique (J. P. Thomas 2003, p. 5). La bioéthique, d'après Potter, s'efforcerait d'engendrer une sagesse, un savoir relatif à la manière d'utiliser le savoir en vue du bien social, sur la base d'une connaissance réaliste de la nature biologique de l'homme et du monde biologique.

Etymologiquement, le mot bioéthique vient de deux termes grecs : *bios* et *éthikos*. Aussi le terme exprime-t-il une alliance hybride entre des faits concernant la biologie et des valeurs concernant des choix moraux (Van Potter *ibid.*, p. 152). C'est donc une étude de la moralité des interventions humaines dans le domaine de la vie humaine (A. Dumas 1979, p. 51). Science qui veut améliorer la qualité de la vue, la bioéthique étudie aussi le comportement humain, soit dans le domaine de la recherche biologique, soit dans la pratique médicale, quand cette conduite humaine est issue de la lumière des valeurs et des principes moraux (E. Bone 1985, p. 2).

Au sens large, la bioéthique est l'éthique de la vie. Dans cette perspective, elle englobe la traditionnelle éthique médicale réglant les rapports entre médecins et patients, la déontologie médicale, comprise comme code de conduite, de devoirs au sein du corps médical, la morale sexuelle et matrimoniale, le sexe étant à l'origine et le mariage, le lieu de la vie (J. M. Aubert 1986, cité par S. Muyengo Mulombe 1998, p. 34). Au sens strict, la bioéthique est l'étude de la moralité de nos interventions, et tout spécialement, des interventions techniques ou médicales, dans le domaine de la vie humaine. La particularité de cette définition, c'est que la bioéthique est née de la biotechnologie. Ce sont des interventions techniques de l'homme sur la vie qui ont donné au terme biotechnique, sa spécificité. Aussi, on ne peut parler strictement de questions bioéthiques que là où la science et la technique sont développées, là où l'homme est confronté aux choix éthiques face à une panoplie de possibilités qui lui sont offertes par la techno-science biomédicale (*ibid.*, pp. 35, 46). La bioéthique est un projet permanent.

En effet, l'avenir de la bioéthique dépend de son aptitude à s'adapter aux facteurs de changement. En fin de compte, cependant, la plus grande contribution que peut apporter la bioéthique est d'aider les êtres humains à réfléchir sur les questions les plus fondamentales : « qu'est-ce que la vie ? » qu'est que la santé ? « comment devons-nous vivre » ?

2.4. Caractéristiques de la bioéthique

La bioéthique est caractérisée premièrement par la pluridisciplinarité qui présente d'emblée des tensions. D'abord, cette pluridisciplinarité se rapporte à des pratiques technoscientifiques diverses (médecine, biologie et leurs multiples spécialisations) ; ensuite, à des disciplines qui sont appelées à confronter leurs points de vue, d'abord l'éthique et le droit, la philosophie, la théologie, et puis d'autres sciences humaines (sociologie, anthropologie, sciences politiques, psychologie, psychanalyse etc.). Le dialogue pluridisciplinaire permet de rendre compte de la complexité des problèmes qui se posent. Simultanément, les conditions même de ce dialogue sont délicates, car, les conflits de leurs valeurs identifiés se font à partir d'horizons idéologiques non homogènes. La façon de penser un problème éthique particulier, telle la modification du génome humain, peut varier d'une discipline à l'autre et opposer des visions différentes du « Bien », selon soit que l'on est un théologien catholique soit un juriste soit un philosophe soit un généticien. Chacun parle du niveau de sa discipline. Cette approche pluridisciplinaire illustre bien le pluralisme social dans lequel se posent aujourd'hui ces problèmes. Autrement dit, la bioéthique crée un espace public, ouvert et pluraliste où différentes communautés de pensées peuvent exprimer et discuter du sens de leurs croyances et de leur valeur qui sont mises en question par le développement biomédical.

Deuxièmement, la bioéthique se présente sous la forme de discours et de pratiques. Des discours d'abord, les écrits dans ce champ se sont multipliés et, des pratiques ensuite, enseignement universitaire, participation à des comités d'éthique, consultation dans les hôpitaux, professionnalisations. Ces pratiques comme ces discours ont très souvent une visée normative pour orienter l'action, mais, ils n'excluent pas des perspectives spéculatives ou théoriques. La bioéthique se définit donc par cette interaction langagière et symbolique. Ce qui fait dire à G. Hottois que « la bioéthique est pratique discursive et discours pratique » (G. Hottois 1990).

Cette visée normative, qui caractérise la bioéthique, mérite d'être examinée plus attentivement. En effet, l'analyse éthique en bioéthique possède deux principaux volets. Le premier, de nature plus réflexive, accentue le travail de clarification et d'explication des enjeux éthiques proprement dits. L'analyse éthique se situe dans un arrière-plan méta-éthique en jeu, d'indiquer les méthodes de réflexion, de dégager les valeurs et les principes en cause, de mettre en évidence les arguments contradictoires ou tautologiques. Il s'agit moins de prendre position que de faciliter le débat éthique entre personnes directement impliquées dans le problème. Le second volet est de nature plus normative et conduit généralement soit à une prise de décision pratique soit à une prise de position assortie des recommandations précises. L'analyse éthique se donne, alors, comme objectif, de répondre concrètement à un problème spécifique et circonscrit.

2.5. Thèmes ou lieux de la bioéthique

Généralement, les thèmes qui alimentent la réflexion bioéthique peuvent être regroupés de cette manière : certains thèmes font unanimité. Tous les auteurs intervenants considèrent qu'ils relèvent de la bioéthique. Ils en constituent comme le noyau central ; euthanasie, acharnement thérapeutique, réanimation, droit à la mort ; avortement, diagnostic prénatal, conseil génétique, stérilisation des handicapés, eugénisme ; expérimentation sur l'être humain, sur l'embryon ; insémination artificielle, fécondation artificielle, banque de sperme, bébé éprouvette ; manipulation génétique. Certains auteurs élargissent davantage le champ de la bioéthique en y incluant d'autres thèmes : suicide, aide au suicide, greffe d'organes ; transsexualité : allocation des ressources limitées ; politique de la santé. D'autres intervenants, enfin, incluent dans la bioéthique des sujets comme la torture, la pollution, la guerre, la peine capitale, l'utilisation du nucléaire. S. Muyengo, parle quant à lui, des lieux de la bioéthique. Il en distingue trois suivants : celui relatif au début de la vie, celui ayant trait à la fin de la vie et enfin, celui portant sur le déroulement de la vie et problèmes connexes (S. Muyengo Mulombe *ibid.*, pp. 55-98).

2.6. Courants et approches

La description faite jusqu'ici des conditions d'émergence de la bioéthique, sa naissance, ses définitions, ses thèmes, ne rend pas totalement compte de ses mouvements internes. On peut, en effet, constater depuis deux décennies, différents efforts de théorisation au sein de la bioéthique dans le but d'offrir soit un cadre théorique fondationnel des procédures de décision, soit encore un ensemble de principes ayant une utilité pratique dans la résolution de dilemmes éthiques rencontrés en biomédecine. Chacune de ces différentes voies offre également des conceptions différentes du statut épistémologique de la bioéthique. Ils se distinguent des approches classiques de la philosophie morale, en particulier des théories déontologistes et

téléologistes. Beaucoup de prises de position et de raisonnements en bioéthique sont marqués par deux courants essentiellement de la philosophie morale, à savoir l'utilitarisme notamment de John Stuart Mill et le kantisme qui donne les deux courants principaux de l'éthique appliquée contemporaine.
Il s'agit :

1. Du principisme de Beauchamps et Childress

C'est la tentative la plus ancienne de théorisation en bioéthique, exposée dans leur livre *Principles of biomedical ethics* (1989). Ils sont, en fait, partis d'une question qu'ils se sont posée, celle de savoir s'il existe des principes qui puissent guider l'agir dans tous les dilemmes éthiques en biomédecine et, à cette question, ils ont répondu positivement et en ont trouvé quatre principes dérivés ci-après (ainsi que les présente Gilbert Hottois, ibid., p. 14):

- le principe d'autonomie, qui exprime la capacité pour un individu de décider pour lui-même, ce qui implique qu'il soit raisonnablement informé et que ces influences externes ne déterminent pas son action.
- le principe de bienfaisance, qui consiste à faire le bien d'autrui, ce qui nécessite, au plan médical, d'évaluer le rapport des risques et des bénéfices pour le patient.
- le principe de non-malfaisance où le médecin a le devoir de ne pas infliger de mal à son patient ;
- le principe de justice, qui se réfère davantage à la justice distributive dans sa dimension de traitement équitable pour tous.

Ces quatre principes dérivés du principisme (M. Canto-Sperber *ibid.*, pp. 157-158) s'appliquent spécifiquement aux problèmes suscités par le développement biomédical. De ces principes dérivent également des règles (règle de consentement, règle de confidentialité), qui, appliquées à des cas, des dilemmes éthiques précis dont les éléments et les circonstances, sont bien documentés, permettront de dégager des solutions. Au plan épistémologique, la bioéthique s'appuie, dans son fondement, sur la philosophie morale et se présente sous la forme d'une éthique appliquée permettant de donner des réponses normatives à des problèmes moraux liés au développement de la biomédecine. Le modèle du « principisme » offert par Beauchamps et Childress, cherche avant tout à donner un cadre formel, utilisable pour tous, dans lequel chacun peut trouver des solutions pratiques à des problèmes multiples et urgents.

2. Du contextualisme ou de la casuistique

Ce courant rejette les approches éthiques d'éthique théorique universaliste, pour y substituer un contextualisme et une méthode de délibération. Le courant casuistique le mieux formalisé est celui d'Albert Jansen et Stephan Toulmin. Il prend ses racines dans l'aristotélisme et la tradition juive. La casuistique est un courant ou un modèle de raisonnement moral centré sur le cas particulier. Elle se définit par une méthode permettant l'interprétation de dilemmes moraux spécifiques. Ce modèle s'adapte à la société pluraliste et séculière et qui, telle une jurisprudence morale, fournissant des repères précis pour résoudre des dilemmes éthiques par le biais de cas paradigmatiques et de règles de raisonnement moral en faisant appel aux valeurs communes implicites. Globalement, l'approche casuistique affirme, d'un point de vue méta-éthique, l'interdisciplinarité de la bioéthique. De ce fait, l'évaluation morale des pratiques sociales s'établit par le biais d'un processus interprétatif auquel chacun contribue à partir de ses compétences et de sa subjectivité.

Par ailleurs, une approche explicitement herméneutique se développe dans le champ particulier de l'éthique clinique, centrée sur la relation patient-médecin. L'inégalité du pouvoir entre patient et médecin crée des difficultés de communication, pour des raisons variées. Comment peut-il y avoir, alors, une correspondance de sentiments et une réponse qui soit compatissante ? Cela nécessite des actes d'interprétation herméneutique qui permettent l'expression, d'une part, de la sensibilité aux circonstances particulières et d'autre part, de l'émotion face aux valeurs exprimées par chacun. L'approche herméneutique en éthique clinique permet donc de tenir compte des situations spécifiques (contextualisme).

Une autre approche possédant les mêmes caractéristiques générales s'est développée sous la forme d'une éthique féministe orientée sur le soin et l'attention à autrui. Cette approche est reliée davantage à la psychologie morale et propose une voix différente pour penser la relation à autrui comme domination ou relation de pouvoir (C. Gilligan 1986). Ce point de départ a permis l'expression de critiques féministes en bioéthique, surtout à propos de nouvelles technologies de procréation humaine. Ces critiques dénoncent les logiques de discrimination entre les sexes d'exploitation et d'exclusion dans le système de santé. Actuellement, l'approche féministe se présente davantage comme une pluralité de discours idéologiques et critiques que comme une théorie morale unifiée. L'approche féministe est, en fait, considérée comme le troisième courant. L'ensemble des trois courants en bioéthique (principisme, contextualisme, fondement, et leurs approches secondaires) illustrent la fécondité de la réflexion en philosophie morale dans la construction théorique de la bioéthique.

2.7. Méthodes

Contrairement à d'autres disciplines, la bioéthique selon certains auteurs, n'a pas encore défini sa méthode. On parle souvent de méthode inductive, dialectique et comparative. Muyengo surenchérit que, la méthode en bioéthique est à la fois inductive, historique, expérimentale et herméneutique (S. Muyengo *ibid.*, p. 45).

De ce qui précède, nous pouvons dire que le milieu anglo-américain a entretenu, avec le tournant linguistique, une tradition dans la réflexion en philosophie morale, et, cette dernière connaît, entre autres, avec la bioéthique, un déploiement normatif dont on a pu ici constater le dynamisme. Dans d'autres pays essentiellement de l'Europe Occidentale, où la philosophie morale a connu soit une éclipse au profit des sciences humaines, soit des développements de nature fondationnelle (par exemple, en Allemagne, l'éthique de la discussion de Habermas et Appel), la bioéthique reste théorisée mais aussi fragile dans ses bases (certains auteurs français parlent de « misère » de la bioéthique ou de « panne » de la Bioéthique). En France, malgré les efforts du Comité Consultatif National d'Ethique pour fonder en raison ses avis éthiques, il semble que la bioéthique, en l'absence quasi totale des philosophes, est davantage dominée par d'autres forces normatives qui cherchent à occuper le terrain du dialogue : le discours médical (qui rabat la bioéthique sur l'éthique médicale et la déontologie des médecins), le discours religieux (qui exprime par la voie de la bioéthique, les contenus moraux liés à une confession), le discours juridique (qui, au sein de la bioéthique, se constitue en bio-droit). Le bio-droit semble, d'ailleurs, apparaître comme la source normative consensuelle ultime, parce que fondée sur les droits de l'homme, de même que le seul outil efficace pour contrôler et limiter les pratiques technoscientifiques : les récentes lois françaises sur la bioéthique et l'expérimentation humaine témoignent de ce phénomène.

3. *Difficultés d'application des prouesses biomédicales en Afrique*

3.1. Bioéthique ou socio-éthique en Afrique[33]

Aujourd'hui, un nouveau concept fait jour pour dire sinon l'universalité des valeurs ou des aspirations des peuples, du moins l'universalité des problèmes. Ce concept, c'est la « mondialisation ». Il semble qu'à la fin du vingtième siècle, le monde est tellement devenu un qu'un problème qui se pose en Amérique est senti, ou a des répercussions en Europe, en Asie et en Océanie; et souvent de l'Europe, il passe en Afrique. En vérité, il n'a jamais été ainsi, car, si aujourd'hui les sociétés développées du Nord vivent en période de l'intercommunication, des multimédias, etc., les pays du Sud sont de plus en plus isolés avec leurs nombreux problèmes. Il est vrai qu'avec le phénomène de l'"humanitaire ", on a brisé certaines frontières du monde. Cependant, l'humanitaire ne fonctionne que là où sont les instruments de communication, là où caméras et gadgets se disputent les stands d'exposition. Mais, dans le fin fond de la forêt équatoriale, où l'on meurt à cause d'une simple malaria; dans le fin fond du désert de Kalahari, où le pauvre Boshman lutte contre les intempéries de toute sorte, on n'a que peu de chance de rêver à l'action humanitaire. Dès lors, l'on peut se poser la question de savoir, ce que veut dire la mondialisation des problèmes ici. Et, pour revenir à la bioéthique, on peut se demander s'il est juste d'en parler là où l'industrie biomédicale est quasi inexistante, comme dans la plupart des pays du Tiers-monde, mieux de l'Afrique.

1°. Existe-t-il des questions bioéthiques au sens strict en Afrique noire ?

Il est ici une question : « Quelle est la pertinence de ces recherches par rapport à l'Afrique ? ». Pour répondre à cette interrogation, on commence toujours par rappeler ce fait indéniable que l'Afrique Noire est encore en marge des expériences biotechnologiques. Hormis quelques cas isolés signalés dans certains pays, les phénomènes comme ceux des inséminations artificielles, des fécondations in vitro, des mères porteuses, des mères de substitution, etc., restent encore méconnus en Afrique. Il y a lieu de souligner dans la mentalité africaine, la conception africaine de la vie et la place qu'occupe la procréation ici. En effet, dans le continent noir, la

---

33 Nous nous sommes inspiré aussi de S. Muyengo, *op.cit.*

procréation est considérée comme la « fin ultime de l'homme », la stérilité étant la négation même de l'être humain. Aussi va-t-il sans dire que la soif de la procréation expose davantage le Négro-Africain à toutes les tentations possibles dans le cadre de PMA. À ce point de vue, il s'avère important de réfléchir sur les solutions apportées jadis – et aujourd'hui encore – au problème de la stérilité du couple en Afrique Noire. Là où les Occidentaux recourent aux techniques biomédicales, les Africains, faute de moyens techniques, recourent encore aux pratiques telles que la polygamie, le mariage avec substitution, voire la « polyandrie »[34]. Ces solutions apparemment « humaines » sont-elles plus « humanisantes » que les techniques occidentales ? (S. Muyengo Mulombe *ibid.*, pp. 270-271).

Somme toute, la plupart des Négro-Africains sont, à l'heure actuelle, en marge de la hantise de PMA ; cela non pas par vertu, mais simplement par carence d'une technologie biomédicale de pointe. Toutefois, avec la puissance des moyens de communication et le transfert des technologies qui en suivra tôt ou tard, il n'est pas illusoire d'affirmer que, ce n'est qu'une question de conjoncture ou de temps. Qu'on se souvienne du débat animé par la Revue *Demain l'Afrique*, en 1987, qui avait pour thème : l'Europe pourra-t-elle trouver des ventres de location en Afrique ? L'enjeu de la question était simple, sinon simpliste. D'une part, notaient les animateurs du débat, il y a des femmes européennes qui aspirent à la maternité, et qui plus est, ont tout pour vivre, mais répugnent à porter la grossesse neuf mois durant ; d'autre part, il y a des femmes africaines qui croupissent dans la misère et qui ne se gênent pas de porter la grossesse plusieurs fois au cours de leur vie. D'où la proposition : la femme européenne, avec les moyens dont elle dispose, pourra venir en aide à sa consœur africaine qui, en contrepartie, portera la grossesse pour son compte.

Dans le même ordre d'idées, il y a le débat actuel sur les trafics d'organes humains en provenance des pays du Tiers6monde. La technologie biomédicale des sociétés de consommation du Nord n'est pas seulement à la recherche des dépotoirs où se décharger de ses déchets hospitaliers; mais elle a aussi besoin d'utérus de location, des organes les plus exotiques. Face à la pauvreté et la misère qui les accablent, les peuples du Sud résisteront-ils à cette nouvelle forme de coopération avec les nantis du Nord ?

---

34 Vie de famille et mariage des chrétiens en Afrique Noire, in Pro Mundi Vita (dossier), juin 1976, pp. 14-15.

À la lumière de ces deux exemples, nous pouvons répondre à présent à la question posée : existe-t-il des problèmes strictement bioéthiques en Afrique subsaharienne ? La réponse est mitigée. Il n'existe pas de problèmes strictement bioéthiques en Afrique, au sens où nous saisissons le terme bioéthique en rapport avec la technologie biomédicale de pointe. Cependant, en Afrique Noire, nous n'échappons pas au risque de voir la tentation procréatique, ou l'eugénisme de l'Occident déborder jusqu'en son sein. Aussi, l'un des points majeurs à inscrire à l'ordre du jour du débat bioéthique dans le continent noir, est justement cette question de penser, sinon de repenser les rapports entre le Nord et le Sud dans tous les domaines de la vie humaine. La réflexion doit inciter à la vigilance les acteurs politiques et économiques, et à travers eux, tous les peuples africains. Nous devons épouser la science et la technique occidentales uniquement dans ce qu'elles ont d'humanisant. Qu'une certaine hantise engendrée par la notion de progrès ne nous fasse pas perdre notre " âme africaine ". Les Africains sont appelés à sauvegarder leurs coutumes et traditions qui les placent face à la vie comme à un don, à une exigence, à une responsabilité. Faudra-t-il pour autant limiter le champ du débat bioéthique en Afrique Noire à la simple question de vigilance ? N'y a-t-il pas, à l'intérieur du continent, d'autres questions vitales relatives à des réflexions strictement bioéthiques ? Cette dernière question incite à oser une autre approche du problème de l'éthique de la vie en Afrique noire.

2°. Les problèmes majeurs de la vie en Afrique sous l'angle social

Des problèmes bioéthiques se posent dans beaucoup de pays africains, mais, dans des contextes tout à fait différents de l'Occident. En Afrique noire, les problèmes majeurs de la vie se posent sous l'angle social. Ce qui pousse à préférer ici l'articulation " socio-éthique " à celle " bioéthique. En effet, les problèmes de la vie tels qu'ils se posent en Afrique, débordent le simple cadre biologique. Ici, les problèmes de la vie et de la mort, de qualité de vie et de survie, s'enracinent dans la question sociale. Aussi peut-on repérer plusieurs problèmes dits bioéthiques dans le continent noir, mais qui sont, au fond, des questions sociales. C'est notamment l'accès difficile de la population aux soins de santé primaire, la cruciale question de la planification des naissances, celle du rapport entre médecin et patient, le drame du SIDA. On peut, au besoin, allonger la liste. Ce sont là des problèmes qui exigent de réflexion bioéthique certes, mais, le véritable enjeu de la question est ailleurs, c'est-à-dire dans le social. Pour l'illustrer, arrêtons-nous à la question du planning familial ou de planification des naissances, qui suscite un débat controversé dans le continent à la suite de la Conférence des Nations-Unies sur la croissance démographique et le développement tenue au Caire en 1994.

En effet, d'aucuns estiment que le problème majeur du développement en Afrique Noire et dans la plupart des pays du Tiers-monde, tient à la question du taux élevé de natalité. La croissance de la population, ici, serait en même temps la cause de problèmes sociaux et moraux comme ceux des avortements clandestins, de la mortalité infantile, de l'accès difficile de la population aux soins de santé primaire, de la corruption, de la négligence dans les rapports médecin-patient... Logiquement, le développement, et par conséquent le bien-être moral et social des peuples du Sud, passeraient par la régulation ou la maîtrise du taux de croissance démographique. Car, "il y a sous-développement, parce qu'il y a surpopulation".

Ce point de vue est discutable. Il semble qu'il convient d'inverser la logique : "Il y a surpopulation, parce qu'il y a sous-développement". L'expérience de tous les temps le démontre : "C'est dans la pauvreté et la misère que l'on fait beaucoup d'enfants". Au lieu de s'acharner contre les problèmes de la régulation des naissances avec des méthodes qui ne respectent pas les coutumes, les traditions et les conceptions religieuses des peuples, on gagnerait en s'attaquant directement à la misère et à la pauvreté. Nous sommes convaincu que les problèmes de régulation des naissances, tout comme ceux de la mortalité infantile, des avortements clandestins, des rapports médecin-patient, le drame du SIDA, bref tous les problèmes de l'éthique de la vie en Afrique et dans beaucoup de pays du Tiers-monde, sont, en général, liés aux questions sociales de la justice distributive : question de salaire, de l'emploi, de logement adéquat, de la sécurité sociale... Par conséquent, c'est en termes, de "socio-éthique" plutôt qu'en celui de "bioéthique" qu'il convient mieux de les aborder.

La véritable éthique, qui se veut bioéthique, au sens général de réflexion sur la vie, doit être avant tout une éthique sociale. Comme pour paraphraser Saint Thomas d'Aquin : "Il faut un minimum de condition sociale pour pratiquer la vertu". L'éthique de la vie doit, ainsi, être une éthique de libération, une éthique d'éducation ; car, on ne voit pas comment promouvoir autrement une politique ou un projet de santé pour tous, là où l'on ne sait ni lire ni écrire, là où l'on ne mange pas à sa faim et l'on ne boit pas à sa soif. Comment planifier les naissances là où la majorité des femmes est encore analphabète, et où très souvent, c'est la "politique du ventre" qui dicte le comportement sexuel ? Comment améliorer les relations entre le médecin et son patient là où celui-ci paraît détenir tout le pouvoir et celui-là semble ignorer même le plus infime de ses droits ?

Nous avons déjà fait remarquer que, la bioéthique est née de la biotechnologie. Ce constat d'un fait simplement historique suffit pour affirmer qu'il n' y a de véritable débat bioéthique que là où la recherche et la technologie biomédicales de pointe ont fait leur preuve, là où la techno-science biomédicale semble outrepasser les limites de son objectif, pour prendre l'allure d'une entreprise plutôt déshumanisante, là où le pouvoir de l'homme sur la vie dépasse les limites du raisonnable, pour se retourner contre l'homme lui-même... S'il en est ainsi, toute éthique de la vie n'est donc pas bioéthique. En Afrique Noire, comme dans beaucoup de pays du Tiers-monde, il se pose de graves problèmes de la vie qui ne sont pas strictement d'ordre bioéthique. Ici, le drame de la vie se pose essentiellement sous l'aspect social ; les problèmes majeurs de la vie en Afrique Noire, ainsi que dans beaucoup de pays du Tiers-monde, sont liés aux questions de salaire, de l'emploi, de logement, de l'instruction, etc. Et c'est à travers ces questions que surgissent des problèmes que l'on peut considérer comme des questions bioéthiques : problèmes d'avortements, de limitation des naissances, du rapport médecin-patient, le drame du SIDA, etc.

Ainsi, sous peine de tomber dans une "Éthique de luxe", qui laisserait de côté les vrais problèmes auxquels sont confrontées nos populations, c'est à ces types de questions que doit, en priorité, se pencher le moraliste africain. Avant de penser "bioéthique", il est urgent de penser "socio-éthique", le social étant à la base de beaucoup de maux dont souffre l'Afrique. C'est aussi en passant par le social, essentiellement par l'éducation et la justice distributive, qu'on pourra mieux prévenir aujourd'hui, au lieu d'attendre pour guérir demain quand une certaine mentalité "utilitariste" engendrée par la hantise du progrès aura gagné du terrain chez nous. L'autre rôle du moraliste, c'est d'être veilleur, sinon "éveilleur" (M. F. Mukendji Mbandakulu 1996).

Pour une éthique des sciences

II nous paraît impossible et même irresponsable, de faire aujourd'hui la distinction entre la science et ses conséquences pratiques. On ne peut plus mener des recherches sans se préoccuper des questions morales. On ne peut plus inventer un engin, inventer une formule sans se préoccuper de l'usage, bon ou mauvais, qu'on peut en faire. S'il est vrai que la technique est l'ensemble d'applications pratiques des savoirs théoriques, dès lors que les recherches scientifiques ont pour but d'améliorer les conditions de l'homme, elles sont inséparables de leurs résultats. C'est la spécificité de la recherche scientifique depuis Descartes. En effet, contrairement à la science aristotélicienne, qui distingue l'aspect spéculatif de l'action de l'homme, la science cartésienne se donne comme finalité, de tirer bénéfice des progrès de la science pour les arts mécaniques. Ceci est expliqué par la métaphore de l'arbre dont la physique est le tronc, la mécanique ou la médecine des branches et la technique les fruits. Désormais, il existe une solidarité entre science et technique, et cela pour le meilleur et pour le pire. Ainsi, il se pose la question de la responsabilité morale du scientifique qu'il convient de placer en amont, au niveau même de la recherche, plutôt qu'en aval, c'est-à-dire au plan de l'application technique.

À titre d'exemples, comment apprécier moralement l'utilisation militaire de la bombe atomique à Hiroshima et Nagasaki pendant la deuxième guerre mondiale, sans remonter à la recherche fondamentale qui a rendu possible cette action ? De même qu'à l'actif de l'évaluation morale de la techno-science, on ne pourra pas séparer, par exemple, le bienfait qu'apporterait la découverte d'un vaccin contre le Sida, que le monde entier attend, de la recherche fondamentale qui aura été à l'origine de cette découverte. Enfin, dans le même ordre d'idées, on ne peut pas séparer la découverte de la "carte d'identité" du génome humain aussi bien des dérives génétiques qui peuvent en découler.

3.2. Difficultés d'application des prouesses biotechnologiques en Afrique

Comme nous venions de le souligner, on ne peut pas, au nom de la mondialisation ? Gober tout ce qui se passe au Nord. Nous sommes dans le courant contextualiste et casuistique. Les problèmes culturels de l'Afrique ne sont pas les mêmes que ceux des pays de l'Europe ou de l'Amérique.

Les problèmes qui sont l'objet de la bioéthique sont loin de trouver leur place en Afrique. Nous avons mis l'accent sur l'importance que les Africains accordent à la vie, à la procréation. Celle-ci doit se faire par des pratiques naturelles, par des relations chaudes entre des époux. L'enfant a du prix aux yeux de l'Africain. L'enfant n'est pas un objet, n'est pas fabriqué. La procréation est naturelle. En Afrique, un stérile ou une femme stérile est mal vue. C'est ainsi que les foyers où l'enfant tarde à venir ou ne vient pas, sont souvent sujets à dislocation.

La femme surtout est mal vue, boudée, injuriée et menacée, si elle ne met pas au monde.

Le recours à la PMA n'est pas assez connu en Afrique, du moins par la majorité de la population. L'insémination artificielle est une abomination hétérogène où les spermatozoïdes sont d'un donneur. Ceci peut être considéré comme de l'adultère. Dans la plupart des traditions africaines, l'adultère n'est pas toléré, il est sévèrement puni et généralement l'objet de divorce.

La fécondation in vitro, le recours à la mère porteuse, ou de substitution, sont des pratiques inacceptables en Afrique. En effet, qu'il s'agisse de l'insémination artificielle hétérogène ou de la fivete, l'enfant est presque préfabriqué. Si l'on évoque le développement historique de la famille, il est patent que le fait de procréer a été, durant de très nombreux siècles, lié avant tout à des enjeux de transmission du patrimoine, de garantie de la perpétuation du lignage et de survie de la race. Ce qui paraît commun à toutes les civilisations et à toutes les époques, ce sont les liens de filiation, c'est-à-dire les rapports entre les parents et les enfants. Ces liens sont régis par les règles de la parenté. Ces règles ne sont pas forcément écrites dans le droit de chaque État, mais peuvent aussi se transmettre oralement, admises par tous et partout comme la question de l'interdiction et de l'inceste. Ce sont des règles universelles, qui fondent également l'institution de la famille, réalité sociale à laquelle l'humanité dans son ensemble, ne cesse d'accorder sa confiance (F-X. Putallaz et A. Sala Molar 2006, pp. 191-193).

Avec ces pratiques, se pose le problème de filiation, car, elle est ignorée ou bafouée dans ces pratiques. Or, la filiation est basée sur la reconnaissance de l'existence des relations durables entre une personne (un enfant) et d'autres personnes (parents, frères, sœurs oncles, tantes, grands-parents) (*ibid.*, p. 123). L'enfant doit connaître ses géniteurs. Aujourd'hui, en France, on a voté une loi qui stipule qu'on peut produire des enfants sans père. Cette loi a été sévèrement critiquée par Madame Agnès Thill. On ne peut pas se passer du père. L'enfant doit connaître ses géniteurs (*ibid.*, p. 193). Sans le droit de filiation, comment l'héritage, la succession, peut se faire ? Avec l'instrumentalisation, la marchandisation de l'enfant, celui-ci devient un objet et non une personne. Dans cet anonymat du père, la filiation est remplacée par la traçabilité. Le droit à l'enfant transforme celui-ci en objet et il n'y a pas, dans ce cas, de droit de l'enfant.

Ce qui est davantage insolite, ce sont des embryons surnuméraires ou des bébés médicamenteux. Ce ne sont pas des enfants, ce sont des jouets humains produits, congelés. Ils ne sont même pas implantés dans l'utérus d'une mère. Ils sont fabriqués, abandonnés, conservés par les chercheurs. Si par bonheur, ils pouvaient grandir comme les enfants normaux, sur le plan psychologique, ils vont se sentir complexés, comme des sous hommes, des infrahumains. Ces bébés-médicamenteux conçus en termes de manipulations techniques compliquées, dans le but de sélectionner la composition cellulaire de leurs tissus, avec l'espoir que les prélèvements faits sur eux puissent être greffés à un grand frère ou à une grande sœur très malade, et peut être sauvé. C'est donc des enfants procréés pour la circonstance.

L'euthanasie est une sorte de sorcellerie en Afrique. On la justifie en l'appelant la « mort digne », comme si la mort naturelle était indigne. En Afrique, on ne vit pas seulement pour soi, on vit aussi pour les autres. C'est ainsi qu'on accompagne le malade jusqu'à son dernier souffle. C'est une marque de solidarité, de respect de la dignité humaine. La vie est sacrée en Afrique. On ne peut jouer avec selon le bon vouloir des médecins ou du personnel soignant. Ainsi, en Afrique, celui qui se suicide est un sorcier. À plus forte raison celui qui aide au suicide. Comme nous l'avons dit, la vie est sacrée. Comme nous l'avons souligné, l'enfant est le bien, le don le plus précieux que le Créateur ait fait à l'homme. La stérilité n'étant pas tolérée, celui qui procède volontairement à l'avortement, c'est-à-dire qui tue le fœtus, est un meurtrier, un sorcier. En Afrique même un mort-né est enterré.

La transsexualité, la transplantation des organes, la manipulation du génie génétique, le clonage, etc., sont des aberrations, de l'indicible, pour l'Africain. Toutes ces prouesses relevant des prouesses biotechniques sont des abominations, pour l'Africain. Et, elles demandent de gros moyens financiers, des équipements ultramodernes, sophistiqués qui ne sont pas à la portée du paisible citoyen.

Conclusion

En partant du statut épistémologique de la bioéthique et se référant à l'approche herméneutique, il se dégage apparemment une tautologie, lorsqu'on parle de science et bioéthique. Car, cela laisse croire que la bioéthique n'est pas une science. Et pourtant, nous l'avons souligné, avec le philosophe Callahan, elle est devenue une discipline, donc une science. En effet, d'entrée de jeu nous avons donné notre conception de la science que nous définissons comme l'ensemble des connaissances acquises, historiquement, systématiquement et méthodiquement, basée, sur des arguments probants et convaincants. La bioéthique est une science. Mais, la science à laquelle on fait allusion, dans le thème de ce numéro de la Revue, c'est la biologie et la médecine. En fait, la bioéthique est née de la biotechnologie, celle-ci provient des prouesses technologiques de la biologie. Ces prouesses ont été appliquées en médecine, dans la biomédecine dont les progrès ont suscité les dilemmes bioéthiques.

Dans ce papier, nous avons essayé de montrer le contexte d'émergence de la bioéthique aux États-Unis et les ramifications dans les autres pays de l'Europe comme la France et l'Allemagne. C'est, en fait, en 1970 que Potter Van Rensselaer a lancé le mot. De plus en plus, le concept et les problèmes soulevés ont fait la préoccupation de plusieurs penseurs de divers domaines dont les médecins, les théologiens, les philosophes, les juristes, les anthropologues, les psychologues, etc. La bioéthique est devenue un lieu de pluridisciplinarité. Ce qui lui donne un statut épistémologique remarquable.

Étant donné cette pluridisciplinarité, il y a eu plusieurs tendances et plusieurs courants et approches. Parmi les auteurs qui ont réfléchi sur les courants, il y a Beauchamps et Childress avec le principisme à côté duquel on peut citer le contextualisme ou la casuistique et le courant féministe.

La bioéthique regroupe plusieurs thèmes concernant le début de la vie, le déroulement de la vie et la fin de la vie. Les pratiques biotechnologiques contenues dans ces thèmes ont fait l'objet des réflexions, des critiques et controverses. Il y a notamment les problèmes relatifs à la Procréation Médicalement Assistée (PMA), avec l'insémination actuelle, la fécondation in vitro ; les pratiques de l'euthanasie, de la manipulation des embryons surnuméraires, du génie génétique ; les transplantations et greffes des organes, la transsexualité, etc. Toutes ces pratiques relèvent des prouesses biotechnologiques qui, pour être réalisées, exigent des fonds conséquents. Et, ces pratiques sont pour le moins contre la dignité humaine et sont antinaturelles. Si, dans les pays du Nord, elles sont facilement acceptées et utilisées, au Sud, elles ont du mal à être tolérées, car, nos traditions, nos cultures africaines, vénèrent la vie. Celle-ci est, pour les Africains, sacrée. L'enfant étant le plus précieux des biens que le Créateur ait donné aux couples, il ne peut pas être un objet pré-fabriqué ou une marchandise. Les Africains tiennent aux liens de parenté, à la filiation. Chaque enfant doit avoir une mère et un père, donc, doit connaître ses géniteurs. Ce qui n'est pas le cas dans la fivete. Les Africains ne sont pas prêts à accepter la pratique humiliante et deshumanisante des bébés médicamenteux (embryons surnuméraires).

La vie, pour des Africains, va de la naissance à la mort. Tout ce temps est très important. La société accompagne l'homme de l'enfance à la vieillesse. La maladie n'est pas un motif de relâchement, d'isolement ou d'abandon. La solidarité africaine se lit dans toutes les circonstances, bonnes ou mauvaises. C'est ainsi que la pratique de l'euthanasie ne peut, en aucun cas, être acceptée dans les traditions africaines. La stérilité étant mal venue en Afrique, l'avortement volontaire est considéré comme de la sorcellerie. La liste de ces préoccupations bioéthiques est longue. Ce qu'il faut dire, c'est qu'il est difficile d'appliquer les prouesses biotechnologiques en Afrique. Il est vrai que timidement avec le vent de la mondialisation, avec les nouvelles technologies de communication, dans certains pays, quelques pays africains ont commencé à s'ouvrir à ces pratiques coûteuses, deshumanisantes aux yeux de la majorité des Africains. Nous reconnaissons que l'insémination artificielle résout les problèmes des couples stériles, en leur donnant un enfant, donc droit à l'enfant. Mais, dans ce cas, peut-on parler de droit de l'enfant sans filiation, sans accès à la succession ? Peut-être les Africains changeront-ils avec le temps. Nous souhaitons, néanmoins, qu'il y ait des Comités Nationaux et des Centres de Recherches en Bioéthique partout en Afrique, pour réfléchir sur les problèmes et dilemmes soulevés en Bioéthique dans le monde et en Afrique.

Références bibliographiques

AUBERT (mars 1986), « La bioéthique, un défi pour notre temps », in *Prêtres Diocésains*.

AUROUX (1998), *Les notions philosophiques*, Paris, PUF.

BEAUCHAMP et CHILDRESS J. (1989), *Principles of biomedical Ethics*, NewYork, Oxford Univ, Press, 3e éd.

BEAUCHAMP, T. (1993), *Introduction à l'éthique de l'environnement*, Éd. Paulines et Médiaspaul.

BERNARD, J., (1990) *De la biologie à l'éthique*, Paris, Buchet, Chastel, Paris.

BONE, E. (1985), « De la biotechnologie à la bioéthique : le choc du futur », in *ProMundivita*, n° 101.

CANTO-SPERBER, M. (1996), *Dictionnaire d'Éthique et de philosophie morale*, Paris, PUF.
DUMAS, A. (1979), Fondement et perceptives d'une bioéthique, in *Prospectives internationales*.
GILLIGAN, C. (1986), *Une si grande différence*, Paris, Flammarion.
HOTTOIS, G. (1990), *Le paradigme bioéthique*, Bruxelles, Montréal, De Boeck /ERPI.
HOTTOIS, G. 2004), *Qu'est-ce que la bioéthique*, Paris, Vrin.
MALHERBE, J. F. (1987), *Pour une éthique de la Médecine*, Paris, Larousse.
MATTEI, J. F. (1994), *La vie en question : Pour une éthique biomédicale*, Paris, La documentation française.
MUJINGA KATAMBO, N. (2008), *Perspective d'une bioéthique en Afrique*, Germany, Éditions universitaires européennes.
MUKENDJI MBANDAKULU, M. F. (2010), « La nécessité de la philosophie environnementale ou Eco philosophie, pour le développement de la RDC » in *Annales de l'IBTP*, n° 8, Kinshasa.
MUKENDJI MBANDAKULU, M. F. (1996), « Le rôle et le profil du philosophe. Quid du philosophe zaïrois » in *La responsabilité politique du philosophe africain,* Actes du IXème séminaire philosophique, FCTK.
MUKENDJI MBANDAKULU, M. F. (2012), *Somme des pratiques éthiques ou déontologiques*, Kinshasa, Médiaspaul.
MUYEMGO MULOMBE, S. (1998), *Introduction à la bioéthique*, Kinshasa, MédiaPaul.
PUTALLAZ, F.X. et SALA MOLARD, A., (dir) (2006), *Le sens de l'homme. Au cœur de la bioéthique*, Paris, Éd. Saint-Augustin.
ROY, D. J. (1995), *La bioéthique, ses fondements et ses controverses*, Paris, EPRI.
THOMAS (2003), *À quoi sert la bioéthique* ?, Paris, Le Pommier.

Écologie et société : vers une relation éthique entre l'homme et son environnement

Kouassi Clément N'DOUA
Université Félix Houphouët-Boigny Abidjan, Côte d'Ivoire
clemkouassi@yahoo.fr

Résumé

« Écologie et Société : Vers une relation éthique entre l'homme et son environnement » se présente comme une méditation en direction du concept d'écologie et de son rapport à la société. Naturellement, une telle formulation, à savoir le rapport de l'écologie à la société, semble, d'ailleurs, coïncider avec le souci de re-penser le rapport de l'homme à son environnement, afin qu'il puisse adopter un comportement raisonné, qui vise à une utilisation rationnelle des ressources de la nature et à une protection de l'environnement. Cette méditation est aussi une invite à l'homme d'avoir une culture environnementaliste, à savoir intégrer la nature comme une partie de lui-même. En ce sens, l'homme pourrait connaître un joyeux séjournement.

Mots clés

Écologie, environnement, éthique, nature, société.

Abstract

"Ecology and Society: Toward and ethical relationship between Human and his environment" is a meditation toward the concept of ecology and its relation to society. Naturally, such a formulation, namely the relation of ecology to society, seems, moreover, to coincide with the desire to re-think the relation of human to his environment, so that he can adopt a certain behavior. Reasoned which aims at a rational use of resources of the nature and at a protection of the environment. This meditation is also an invitation to human to have an environmentalist culture, namely to integrate nature as a part of himself. In this sense, the human could know a happy stay.

Key-words

Ecology, environment, ethics, nature, society.

Introduction

Notre questionner à partir duquel nous voudrons engager une réflexion sur le rapport de l'homme et de son environnement, sous-entend ce qui suit : il est bien souvent question de l'écologie, mais, en quoi consiste-t-elle ? Autrement dit, que faut-il entendre par écologie ? L'écologie est à comprendre comme une étude des relations entre l'être humain, considéré comme être social, et le milieu socio-économique dans lequel il évolue. En un tel sens, les communautés et les sociétés humaines vivent dans un environnement auquel elles s'adaptent et inter-réagissent les uns les autres. L'étude de ce processus complexe, qui met en jeu les systèmes technologiques et l'organisation sociale, est l'objet de l'écologie.

S'il en est ainsi, comment saisir le commencement de cette marche ? En effet, l'idée de développement qui est apparue, depuis que l'homme a pris conscience de lui-même et de sa place au monde, semble révéler toute la rationalité que l'homme porte en lui. Cette rationalité a fait de lui comme le projetait R. Descartes (1966, p. 84), « comme maître et possesseur de la nature ». Ainsi, dire le progrès de la science et de la technique, en termes d'amélioration efficace, sera orienté vers un seul objectif : libérer l'Homme des jougs de la nature et poser les conditions de son bien-être (bonheur) par une transformation considérable de celle-ci. Par voie de conséquence, le développement poursuivi par l'Homme ne sera possible que par une exploitation maximale des ressources naturelles. Cependant, si le XVIIe et le XVIIIe siècle ont été le saut de grandes réflexions à portée philosophique face aux problèmes de tout ordre que pose la techno-science aujourd'hui à l'humanité, l'orgueil prométhéen de l'homme contemporain et le vœu aristotélicien, selon lequel l'humanité serait heureuse si les navettes marchaient toutes seules, causent des conséquences néfastes à l'écosystème.

Dès lors, une telle prise de conscience de l'action de l'homme et de la dégradation avancée de l'environnement, ne nous amène-t-elle pas à remettre en cause notre façon d'habiter la terre ? Quel doit être le rapport de l'homme à son environnement ? Doit-il rester pour toujours un rapport où l'étant humain est posé comme un destructeur de la nature, parce que non-soucieux de l'avenir de l'humanité ? L'homme, pour vivre heureux, ne doit-il pas intégrer la nature dans sa propre existence comme une partie de lui-même ? Des questions dont l'objectif est de montrer que, face à la dégradation avancée de l'environnement, l'attitude de l'homme envers son environnement doit changer, au risque de précipiter l'humanité vers le gouffre. Aussi seront-elles analysées, à travers les méthodes phénoménologique et herméneutique, selon une argumentation à trois temps dont le premier consistera à présenter les techno-sciences comme l'épicentre de la pro-vocation de la nature. La saisie de ce fond commun permettra, dans un deuxième temps, de comprendre le rapport entre l'homme et son environnement comme une éducation de sauvegarde, et en dernière instance, il sera question de l'homme et son environnement : vers une éthique prévisionnelle ; une éthique, soucieuse de la protection de la nature.

1. Les techno-sciences au cœur de la pro-vocation de la nature

S'inscrivant dans la mouvance et la tendance inhérenteS à la mondialisation et à la globalisation, il est impossible de passer un jour, dans nos sociétés contemporaines, sans questionner et débattre autour du phénomène technique, à propos des avantages et surtout des inconvénients qui en découlent. La Technique est au cœur de notre société dite moderne et, elle demeure la marque distinctive, à travers tous les domaines, et constitue la convoitise de tous.

Pastichant Jean-Pierre Jézéquel, on pourrait se poser la question de savoir : si Marx revenait aujourd'hui, quel phénomène retiendrait-il pour caractériser la société ? Cette question, inhérente à la globalisation, sous-entend la présence d'un nouveau phénomène phare qui intrigue, bouleverse la manière d'agir, de penser et qui porte atteinte aux valeurs morales, sinon à l'éthique ancienne. Ce nouveau phénomène déjoue toutes les conceptions éthiques. La Technique est devenue un élément inéluctable dans notre société contemporaine. Elle est à la bifurquée de tous les chemins. Elle est le socle de l'humanité. N'est-ce pas ce que semble dire J.Y. Goffi (1988, p. 4) à travers cette affirmation: « [Qu'il est] difficile de concevoir des humains sans techniques que des animaux sans instincts ». Et il en ajoute : « [Dans] une société humaine, on y trouvera toujours des techniques » (J. Y. Goffi 1988, p. 15). Ainsi, pour lui, il est impossible, voire inadmissible, de concevoir une société sans techniques. De ce fait, la Technique est en l'homme et fait l'homme.

Étant le propre de toute société humaine, la Technique a réussi à conquérir, tranche par tranche, tous les domaines d'activités. Elle fait de notre monde un technocosme. Dans ce sens, G. Hottois (1990, p. 8) n'aurait pas tort d'affirmer que la technique « se confond [aujourd'hui] avec l'air que l'on respire [à telle enseigne qu'aucun être humain ne saurait l'ignorer] ». Cette affirmation atteste l'omniprésence de la Technique au sein de toutes les activités humaines. Elle est présente dans toutes nos actions ; du plus général au plus insignifiant, du plus populaire au plus sacré. Elle franchit toutes les barrières en écartant, en ébranlant de son chemin, tout ce qui n'est pas technique. C'est pourquoi, M. Heidegger (1958, p. 52) conclut que, notre univers succombe sous le « règne de la Technique moderne ». La Technique a assailli l'homme moderne de partout. Elle est devenue son nouveau monde et constitue la médiatrice au sein des différents rapports. L'homme est accablé par le règne de la Technique moderne, par la domination de l'univers technocosme. Le monde est sous la gouverne des objets techniques, à telle enseigne que la différence est évidente. Ce monde technique admet un mode de fonctionnement propre à lui. Ce mode d'évolution, différent de celui du mode ancien, se fait avec une rapidité très accrue, d'une violence multiforme et d'une agressivité de plus en plus omniprésente. En un mot, c'est la recherche de l'efficacité, de la toute-puissance en toute chose.

Toutefois, À la différence du mode d'action de la Technique moderne, celui de la Technique antique ou traditionnelle se veut contemplatif, poétique, passif et souple. Cette technique agissait avec respect et considération envers la nature aussi bien qu'envers l'homme. Son mode de dévoilement, selon le philosopher de M. Heidegger (1958, p. 14), était une « pro-duction ». Heidegger illustre ce mode de dévoilement à travers la pratique culturelle paysanne. Le paysan, lorsqu'il « sème le grain, il confie la semence aux forces de croissance et veille à ce qu'elle prospère », écrit M. Heidegger (1958, p. 21). En effet, la Technique de cette période était passive et n'avait pas de finalités calculables. L'homme utilisait la Technique avec une certaine limite et avec un strict respect de la nature. À l'image du paysan traditionnel, le mode de dévoilement de la Technique antique était contemplatif, poétique et surtout avec la présence d'une certaine harmonie entre l'homme et la nature. Ainsi, avant les travaux champêtres, le paysan traditionnel se donne le temps d'analyser les phénomènes qui lui viennent des forces divines, pour déterminer la manière dont il s'aménagerait pour ses travaux avenir. De ce fait, il observe et étudie les signes qui proviennent des forces occultes. Par exemple, il étudie la manière dont les oiseaux se nourrissent, installent leurs nids pour déterminer, sinon pour prédire la saison. Cette technique relève du spiritualisme, du savoir-faire et du savoir-observer de l'Homo-sapiens.

Contrairement à cette technique traditionnelle, qui « est production et relève du savoir, la technique moderne est provocation et sommation de l'étant comme fond disponible », selon J. M. Vaysse (2006, p. 11). Pour Vaysse, la technique moderne n'agit pas avec souplesse, ni avec modération, mais plutôt, elle est enracinée par son agressivité et son acharnement certain sur la nature.

Avec la révolution baconienne et cartésienne naît, au XVIIIe siècle, une nouvelle conception : celle de la domination et de la maîtrise totale de la nature. « Le savant disparaît. Il est relayé par le chercheur », assène M. Heidegger (1962, p. 71). L'ère des contemplations, la période du laisser-venir librement vers soi est substituée par la pratique, l'agressivité et l'offensive. C'est le temps d'aller à la rencontre, sinon aller chercher, provoquer, stimuler la chose en sommeil. À bien y voir, c'est la période des grandes recherches technoscientifiques, des exploitations, des inventions et des innovations. L'homme est le maître de son devenir, il a une grande influence sur son destin et aussi sur le destin des choses a-venir. Dans ce cas de figure, l'homme est considéré comme un Dieu vivant sur terre, car le devenir lui appartient. Ainsi, tout ce qui advient, est maintenant le fruit, le désir et le bon vouloir du sujet. En un mot, pour J. Y. Goffi (1988, p. 90), « l'homme est le ministre, l'interprète, le maître ou le possesseur de la nature ». Il est l'Alpha et l'Omega de sa destinée. Tout se résume à son vouloir, car, il possède les moyens nécessaires pour affronter la nature qui, autrefois était un obstacle. C'est pourquoi, le philosophe de Fribourg, penseur de l'ontologie fondamentale, M. Heidegger (1958, p. 18), ne s'est pas empêché de dire, à travers ces propos : « Je décide de ce qui doit advenir, je fais advenir non ce qui était contenu en germe dans l'ordre naturel, mais ce que j'ai décidé qu'il devait advenir ». À en croire Heidegger, l'homme est l'élément principal dans l'action de faire advenir dans la présence, il décide ce qui doit advenir dans le monde et non ce qui était convenu dans l'ordre de la nature. Il défie les forces occultes. Avec la Technique moderne, le naturel n'a plus sa place, car, tout se résume au propre vouloir de l'être humain. La Technique moderne disposant d'une puissance et d'un grand pouvoir, a permis à l'homme moderne, comme le disait R. Descartes (1966, p. 84), d'être « comme maître et possesseur de la nature ». L'homme a fait de la nature sa propriété privée. Il devient le Léviathan (monstre symbolisant la force, le pouvoir) de l'univers, par le biais de la Technique.

La course sans merci vers la puissance et l'efficacité serait inversée en une domination démesurée de la Technique sur l'homme et sur son environnement. Fondamentalement, la Technique, avec sa puissance disproportionnée, piétinerait aujourd'hui les valeurs morales et éthiques. Elle aurait détrôné l'homme de son royaume ; si bien qu'elle s'est donnée tous les moyens possibles pour atteindre son but qu'est la transformation, la manipulation de la nature et de l'homme. La Technique serait devenue ce monstre froid que l'homme aurait créé et sacralisé sans même s'en rendre compte. C'est pour cette raison que, E. Jünger (1989, p. 230), dans son ouvrage *Le Travailleur*, ne s'est pas empêché de dire qu'avec la Technique moderne, « nous sommes entrés dans un processus de mobilisation qui possède des propriétés dévorantes qui brûlent les hommes et les moyens ». Ainsi, l'homme et la nature subissent les affres des techno-sciences. L'homme n'est plus le « maître dont les ingénieuses ressources dépassent toute espérance, il peut prendre ensuite la route du mal tout comme du bien », affirme H. Jonas (1991, p. 19). Il est désormais piégé par sa créature. Il n'agit plus en fonction de ses valeurs morales et éthiques, il est conduit par l'impératif technicien. L'homme n'agit qu'avec les membres, il se détourne de sa lumière naturelle, c'est-à-dire de la raison. Il devient un automate et avance tête baissée vers le danger. E. Morin (1990, p. 17) ne dit pas autre chose, lorsqu'il affirme que « les scientifiques produisent un pouvoir sur lequel ils n'ont pas de pouvoir ».

Les techno-sciences échappent, aujourd'hui, au contrôle de l'être humain. Elles font advenir d'autres phénomènes inattendus dans leurs évolutions. Ces phénomènes adventistes rendent le pouvoir de l'homme vulnérable. Ainsi, avec cette imprévisibilité technicienne, nous sommes conduits, sinon nous nous situons désormais « au sein d'un océan de doutes, d'incertitudes, de questions sans réponses, voire d'angoisses de lendemains désenchanteurs », indique F. N. Gilly (2001, p. 5). L'homme est pris dans un tourbillon d'effets imprévisibles de tous côtés et frappé de plein fouet par son impuissance face au phénomène technique. C'est pourquoi, prétendre que la Technique est neutre et aux mains de l'homme, paraît absurde et insensé. C'est pourquoi, J. Ellul (1994, p. 226) disait : « Il est absolument superficiel de dire: il y a d'un côté l'homme, chevalier sans peur et sans reproche, indépendant, autonome et souverain, de l'autre la [technique], objet, aussi objet qu'un bâton (...) C'est un homme vivant dans cette société (construite en fonction de la [technique]) et modifié lui-même par la [technique] qui utilise la machine. Mais comment pourrait-il prétendre la maîtriser et l'obliger à suivre ses propres voies, alors qu'avant même d'avoir pris conscience du problème, il est déjà transformé, adapté à la [technique], et structuré par elle ? Si la [technique] reste un outil entre les mains de l'homme, c'est d'un homme conditionné par cet outil qu'il s'agit ».

Il réside dans un tourbillon de conditionnements, d'incertitudes et d'angoisses d'un devenir désastreux, vue l'imprévisibilité du phénomène technique. Cependant, pourquoi un tel phénomène si déterminant et si dominant a été ignoré durant une longue période en termes d'éthique ? Et, pourquoi cet acharnement aujourd'hui ? Le XXe siècle est le couronnement du siècle des Lumières dont « la naissance des sciences positives, mit un terme aux métaphores organistes (...) [qui] réduisit peu à peu la nature à l'état de matériaux, tout juste bon à être exploités, de sorte que l'exploitant est, peu à peu, devenu un exploiteur abusant des ressources qui étaient à sa disposition », écrit J. M. Pelt (2010, p. 14). Il marque, en effet, le super développement et l'inédit perfectionnement des techno-sciences. C'est l'ère où le pouvoir de la Technique est devenu de plus en plus remarquable dans tous les domaines. Cependant, comment se caractérise cette nouvelle technique ?

La Technique est devenue autonome ; elle « obéit à sa propre détermination, elle se réalise elle-même », mentionne J. Ellul (1977, p. 157). Elle détrône l'homme de son pouvoir et devient l'élément incontournable de la société moderne. Pour J. Ellul (1977, p. 7), la technique évolue selon sa logique et s'affiche comme « le principal dominant » de notre monde. Elle impose sa puissance, ses principes et surtout son accélération à tous les éléments de la nature, y compris l'homme. C'est pour cette raison que J. Ellul (1977, p. 165), n'hésitait pas à affirmer qu'on « n'arrête pas le progrès [technique] », lorsqu'il se met en chemin. À en croire Ellul, la Technique ne supporte aucun jugement de valeurs dans sa progression. Face à cette dynamique, il est impossible de canaliser le progrès des techno-sciences, à cause des différentes ramifications et combinaisons des techniques qu'il intègre.

Partant de l'affirmation de Victor Hugo selon laquelle, c'est une triste chose et vraiment regrettable de penser que la nature nous interpelle, à travers des signes, et que le genre humain joue à la sourde oreille à cet appel, les faits sont si présents qu'aujourd'hui, les campagnes de sensibilisation se multiplient autour du devenir de la planète, à savoir comment lutter contre la perforation de la couche d'ozone, les questions environnementales (la nature, l'eau, les matières premières, etc.). Elles se font sentir à travers des débats, des slogans et la création des domaines d'études (l'éthique environnementale, l'économie verte, etc.) sur la protection de la planète face aux effets des techno-sciences (la pollution, l'utilisation des produits chimiques dans les pratiques culturales, halieutiques).

La planète est secouée par divers dégâts qui sont parfois généraux (le réchauffement et le changement climatique) ou particuliers (la rareté des matières premières, de l'eau, les tremblements de terre et l'affaiblissement du sol). C'est sans doute, cette interpellation à laquelle J. M. Pelt, (2010, p. 14), nous convie à travers cette affirmation : « La nature est malade [!] Elle est malade de fièvre avec le réchauffement dû sans doute pour une bonne part à l'effet de serre. Elle souffre de la désertification ; comme si sa peau végétale desquamait. (...) Elle a en fait de nombreuses maladies et elle est intoxiquée par la chimie ». La maladie de la nature est sous plusieurs formes. La nature est affaiblie à cause de son dépècement à outrance par la Technique à travers ses agressions multiformes qui exigent d'elle le dévoilement de son contenu, de son fond. Ainsi, nous assistons à une guerre sans merci des AGM (Aliment Génétiquement Modifié) et des OGM (Organe Génétiquement Modifié) contre la nature et aussi contre l'homme tout en soulevant des questions d'ordre éthique. Elle souffre « par le mouvement grandissant des mégalopoles s'étendant comme un cancer, et par la densité des populations », écrit J. M. Pelt (2010, p. 14). La nature croupit sous le poids de la densité de la population et de l'urbanisation. Cette augmentation de la population favorise l'entrée en ligne des AGM pour accroître la production agricole qui, paradoxalement, cause l'affaiblissement de la nature et aussi de l'homme.

D'évidente manière, le progrès technique étouffe tout jusqu'à notre vie. La menace de la Technique est de taille, elle n'est plus à négliger, car, elle est réelle. C'est pourquoi, il serait nécessaire de décrier le triomphe, la tromperie technicienne, la ruse sinon "*le bluff technologique*" qui prétendrait nous donner le bonheur ou confinerait une suprématie. Cependant, pour C. Fourier, (1936, p. 615) ce qui est paradoxal « au lieu [de produire et d'améliorer les conditions de vie des êtres humains, les] richesses des nations et le règne de la vérité [et de l'éthique dans les actions], l'on ne voit naître (…) que les maux opposés aux biens ». La puissance de la Technique ayant pris en main tous les contours de l'univers, elle progresse aujourd'hui en fonction de ses propres impératifs en piétinant et en détruisant tout sur son passage comme un bulldozer. De cette façon, nous sommes dans une société où l'homme est désormais guidé par l'impératif technicien. À ce propos, H. Marcuse (1968, p. 16) affirme que « cette société [d'aujourd'hui] est dans son ensemble une société irrationnelle ». Autrement dit, cette société détruit les fondements rationnels. Elle se résume à la quantité de production, au perfectionnement, à l'efficacité et à l'accélération. Dans cette course effrénée à l'efficacité et au perfectionnement des technologies, les êtres vivants sont menacés de disparition.

2. *Rapport entre l'homme et son environnement : vers une éducation de sauvegarde*

L'homme est défini en tant qu'un être doué de raison, un sujet pensant qui jouit de la liberté ; c'est de cette façon que l'homme doit pouvoir prendre soin de l'univers dans lequel il s'y trouve. À vrai dire, l'homme est devenu son propre danger dans la mesure où, l'homme, par son action constante sur tout ce qui l'entoure à savoir sur son environnement, précipite son existence vers le bout du gouffre. Dès lors, quel rapport l'homme doit-il entretenir avec la nature en vue de pérenniser son existence ?

Force est de constater que, la nature est en péril à cause de l'agression que l'homme lui fait subir. À cet effet, laissons-nous instruire par les propos de H. Jonas (2004, p. 309) : « Autrefois, c'était la religion qui nous menaçait du jugement dernier à la fin des temps. Aujourd'hui, c'est notre planète martyrisée qui annonce la venue d'un tel jour sans une quelconque intervention céleste. La révélation dernière R ne provenant ni d'un mont Sinaï, ni du sermon sur la montagne non plus, ni d'un figuier sacré du Bouddha n'est autre que le cri même des choses muettes et signifie que nous avons à nous unir pour tenir dans leurs bornes nos forces subjuguant la création, afin de ne pas périr collectivement sur la terre inculte qui fut jadis la création ».

Pour Hans Jonas, la plus grande menace pour l'humanité n'est pas celle d'une guerre mondiale, mais, la séparation grandissante entre la nature et les êtres vivants. C'est dans cette configuration qu'il semble nécessaire de prendre soin de notre environnement, de peur que celui-ci ne disparaisse. Car, cette relation qui existait entre l'homme et la nature s'est progressivement détériorée de manière très rapide avec l'avènement du progrès technoscientifique.

Fondamentalement, le rapport entre l'homme et la nature est une réalité historique que nul ne peut méconnaître ou contester. Cependant, l'homme entretient souvent un rapport ambigu avec la nature, ce qui mérite que nous examinions cet agir humain et les conséquences qui en découlent. Pour mieux saisir ce rapport d'ambiguïté, il nous faut comprendre l'homme lui-même dans son évolution, mais aussi déchiffrer ses rapports historiques avec la nature. En effet, le questionné éthique du rapport entre l'homme et la nature est inhérent à l'histoire de l'humanité. La période antique faisait de l'homme l'élément moteur de tous les rapports qui lient l'univers. Alors, à l'époque antique l'homme prend la mesure de toute chose selon sa nature et ses prédispositions à faire valoir sa raison. Mais, à cette période la nature dominait l'homme et les catastrophes étaient l'objet de ses angoisses. La nature était donc considérée comme un tout vivant sans limite, sans fin et sans forme. Ainsi, dans la cosmologie d'Anaximandre, Hippolyte de Rome (1988, p. 6) nous enseigne que le savant présocratique disait que « la terre est en suspens hors de toute contrainte externe mais immobile à cause de son égal éloignement de toutes choses ; sa forme est ronde, arrondie à la façon d'une colonne de pierre ; l'une de ses extrémités planes est la surface que nous foulons, (...) l'autre se trouve à l'extrémité opposée. Les astres sont un cercle de feu, émanation du feu répandu dans le monde et entouré par l'air. Il existe des embouchures qui sont comme des trous de flûte, à travers lesquelles on voit les étoiles ; de telle sorte que ces embouchures sont obturées, les éclipses se produisent ».

Ici, il est question d'une conception originale selon laquelle les corps célestes sont des cercles de feux que l'on pouvait distinguer. Au-delà de cette description des corps célestes, les anciens considèrent l'homme comme le produit de la nature et de ses lois. Ainsi, l'homme est pour la conception antique un élément de la nature. De ce fait, la participation des présocratiques n'est pas exclusivement et simplement spéculative, mais aussi éthique. « La conception grecque de la nature a su associer une théorie physique (dont on s'accorde à reconnaître la rationalité) et une éthique. Elle a su concilier naturalisme et humanisme », écrit Catherine et R. Larrère (1997, p. 14). Chez eux, en effet, nous percevons le rapport harmonieux qui unissait toutes les choses entre elles, y compris l'homme dans la nature.

Dans la tradition africaine, l'homme est perçu comme élément de la nature, alors, il reste lié au reste de cette nature. Non seulement, l'homme reste lié au reste de la nature, mais, il lui reste également dépendant. S'accordant à cette mouvance, on pourrait soutenir que les sociétés traditionnelles gèrent avec mesure leurs terroirs. En effet, il existe, chez elles, un mythe qui s'inscrit dans une relation d'interdépendance entre l'homme et la nature. De ce fait, les sociétés traditionnelles sont animées par le souci de veiller à l'équilibre écologique. Car, la nature signifie un ensemble de signes et de symboles dont l'interprétation permettait d'éclairer l'existence humaine. Elle était, alors, porteuse de messages destinés à l'homme. À y voir de plus près, la nature était considérée comme sacrée, dont la fonction principale est de permettre aux hommes d'entrer en communication avec les dieux et les ancêtres.

Du reste, les sociétés et cultures traditionnelles se représentaient la nature ou l'univers comme un ordre harmonieux qui ne doit jamais être troublé. S. Diakité (1985, p. 32) écrit que, les anciens ont « une conception sacrée et vitale de la nature, d'une nature vivante, constituée de rivière et de forêts, de bêtes et de plantes ». Cette conception de la nature leur a permis de vivre en harmonie et en symbiose avec la nature. C'est dire que les anciens cherchaient à s'adapter à la nature plutôt qu'à la transformer. Cet appel lancé à l'homme en vue d'obéir à l'ordre cosmique transparaît dans une sorte d'ascétisme. En fait, il ne s'agit pas seulement d'obéir à la nature, il faut lui vouer une soumission totale, ce qui conduirait à vivre en accord avec le "Tout", donc avec Dieu. La morale stoïcienne est une morale naturaliste qui consiste donc à accepter les choses, l'ordre du destin. Cette acceptation se conçoit dans un acte volontaire de soumission à la nature. Ainsi, la philosophie stoïcienne prétendait offrir un art de vivre, une façon d'organiser sa vie dans laquelle le logos se maintient ferme et dirige la pensée et l'agir des hommes. Cette invitation au « savoir vivre » est intimement liée à la divinité, qui caractérise la vision stoïcienne de la nature, en vue de mener au bonheur. En référence au panthéisme spinoziste, J. M. Pelt (2008, p. 204) affirme que « Dieu est une substance infiniment infinie, sans commencement ni fin, et à ceux qui n'ont rien compris, l'homme est une partie de la nature ». Par conséquent, pour une sauvegarde de la nature, il appartient à l'homme d'en prendre soin au risque de disparaître sur la planète entière.

3. *L'homme et son environnement : vers une éthique prévisionnelle*

Selon Hans Jonas, il est nécessaire de refonder l'éthique afin de mettre de l'ordre entre le rapport de l'homme à la nature, parce que l'agir de l'homme a changé et les rapports entre l'homme et la nature ont été transformés. Car, pour Jonas, l'homme doit avoir une certaine responsabilité envers la nature. Cette responsabilité à l'égard de la nature, dont Hans Jonas nous parle, permet de prendre en charge la nature, les intérêts des générations futures et l'humanité dans sa totalité. Cela implique qu'elle prend en compte la biosphère entière dont le devoir-être conditionne l'existence présente et future de l'homme. Avec Jonas, nous avons une autre compréhension du rapport entre l'homme et la nature. Selon lui, la nature porte des valeurs intrinsèques, alors, ses valeurs méritent d'être préservées. Donc, il revient à l'homme de prendre soin de ces valeurs. Car, l'être humain est le seul être capable de causer des dangers susceptibles d'entraîner la disparition de la nature. Par voie de conséquence, Jonas conteste la vision selon laquelle la nature doit être soumise au bon vouloir de l'homme. Pour Jonas, en fait, il n'y a pas de différence entre l'homme et les autres entités qui composent la nature, dans la mesure où tous ont une valeur intrinsèque. Sur ce point, Jean Marie Pelt ne dit pas le contraire, en ce sens que tous les êtres vivants sont comme des parties qui forment l'unicité de la nature. C'est au vu de cette inter-indépendance qui existe entre toutes les composantes de la nature que F. Armengaud, (2014, p. 2), affirme ceci : « L'homme possède en lui quelque élément de toute créature ». Ainsi, l'homme et la nature sont liés par le fait que l'homme respire et sent les choses comme les plantes et les animaux. Il se confond avec toute créature. En un mot, l'homme est la synthèse de toute la créature. C'est pourquoi, le créateur de ce beau monde lui a confié la responsabilité de cette créature. Pour ce faire, Hans Jonas nous invite, à travers l'éthique de la responsabilité, à porter un regard nouveau sur la nature et par ricochet la vie. Cette vision jonassienne va nous permettre d'avoir une connaissance plus réaliste de la nature, mais, aussi d'établir des stratégies mieux adaptées à la protection de la nature et de l'humanité entière. Cette manière de concevoir l'essence du monde est très importante, car une utilisation éclairée de la nature peut s'avérer avantageuse pour notre planète. C'est, dans ce souci de protéger la nature et la vie, que Hans Jonas restitue son enjeu éthique au point de jonction entre l'homme et son milieu naturel.

De ce point de vue, on peut soutenir que la philosophie jonassienne est, par vocation, éthique, et les crises qu'elle connaît tout au long de son histoire le témoignent, puisque celles-ci correspondent aux interrogations règlementaires sur la validité des connaissances et des valeurs capables de permettre une vie meilleure pour l'avenir de l'humanité.

Aujourd'hui, à l'ébranlement de l'éthique traditionnelle au détriment d'une néo-éthique, on ne saurait contredire H. Jonas (1991, p. 24) ; lorsqu'il dit « [que les techno-sciences nous inscrivent dans un nouveau monde qui serait] encore une terre vierge de la théorie éthique ». La Technique nous introduit dans un univers nouveau dont les principes moraux et valeurs éthiques sont en quelque sorte en dé-construction, en-construction et toujours en re-construction. Cela se confirme à travers les différentes mutations que l'éthique subit. Elle met l'éthique toujours en situation de ré-constitution, en lui octroyant un nouveau manteau. Elle apparaît ou devient "*éthique*", lorsqu'elle est pratique, c'est-à-dire utile ou sert la Technique. Elle crée dans sa progression, une éthique propre à elle, c'est-à-dire qui répond à ses exigences. Ainsi, face aux différentes préoccupations susmentionnées, il demeure judicieux de recourir à la philosophie en tant qu'activité critique.

Contrairement aux problèmes éthiques et pratiques, considérés autrefois, comme d'ordre symbolique, ceux de nos jours apparaissent, sous l'angle des technosciences, comme des préoccupations réelles. La Technique est omniprésence et a la mainmise sur tous les domaines de l'existence humaine. Cette mainmise et cette combinaison existante au sein des différentes techniques ont suscité des difficultés dont la résolution engendre des polémiques, à savoir : « Que doit-on décider ? Que dois-je faire ? Qui est habilité à trancher ? Face à ces interrogations cruciales, « les candidats se bousculent [car la Technique étant interdépendante ; elle affecte pratiquement tous les domaines], des juristes aux politiciens en passant par les scientifiques et les philosophes, tous voulant graver dans la pierre de ce millénaire débutant les règles du siècle à venir », ainsi que le mentionne F. N. Gilly (2001, p. 13). En effet, la Technique, intervenant dans tous domaines, interpelle toutes consciences objectives, afin que chaque personne, quelle que soit sa conviction, ait son point de vue sur la préoccupation et aussi donne son avis. Par conséquent, la philosophie, en tant qu'activité critique et réflexive, ne saurait rester dans sa conception contemplative, dogmatique voire traditionnelle dans laquelle la Technique présenterait une image diabolisante, si elle veut conserver son trône de *mère des sciences*.

La philosophie, en tant qu'activité réflexive, doit faire du phénomène de notre siècle sa préoccupation première. Elle doit être pratique plutôt que théorique. C'est dans cette perspective qu'intervient cette affirmation de J. Habermas (1973, p. 87) qui relate que « c'est à cette seule condition (...) qu'elle pourra retrouver le poids qu'elle revendique vainement en tant que philosophie ». La Technique étant l'univers dans lequel nous vivons et surtout le phénomène de notre siècle, la philosophie contemporaine, quant à elle, doit accentuer sa réflexion sur elle, faire d'elle son objet d'étude, c'est-à-dire faire de la *philosophie de la Technique* sa préoccupation première. Cette dernière aura pour but de porter des réflexions critiques sur le phénomène du siècle et aussi l'accompagner éthiquement afin qu'elle soit plus du côté de l'homme.

La Technique a changé de statut. Elle est devenue elle-même sacrée et créatrice de valeurs éthiques. Elle a bouleversé, à ce sujet, les valeurs traditionnelles et culturelles. Bien que la Technique, dans sa dynamique actuelle, s'oppose parfois aux valeurs et principes suprêmes de l'homme, elle est traversée par des dimensions éthiques. De ce fait, J. Ellul (2014, p. 110) n'a pas tort d'affirmer que « tout développement de l'activité de l'homme est nécessairement positif puisque Christ s'est incarné. Et si l'avenir de l'homme est nécessairement positif, il doit en être de même pour la Technique, car celle-ci n'est que l'extension du corps de l'homme dans le corps du monde ». J. M. Jancovici (2002, p. 7) ajoute que « l'idée de progrès et l'attente de tout un chacun se confondaient dans un même objectif de société », c'est-à-dire le bien-être de l'homme, son bonheur. De cette affirmation de Jancovici, il revient à se demander si la concordance de l'attente de l'homme et l'idée du progrès n'est pas une marque de valeur morale, sinon n'a-t-elle pas un versant éthique dans son évolution. Dans cette perspective, pour M. Cifali (1994, p. 13), « notre société est technicienne, elle n'a pas d'autre alternative », et G. Hottois (1994, p. 1) l'a si bien mentionné dans son ouvrage *Le paradigme bioéthique* que « la Technique est devenue un gaz respiratoire », sinon elle est aujourd'hui, le souffle de vie. La Technique se présente comme le facteur déterminant et incontournable dans notre société. Elle impose sa suprématie avec une certaine rapidité, à telle enseigne que l'éthique semble à la traîne. Et, aujourd'hui, la recherche de l'efficacité et de la puissance reste l'élément primordial de tout le monde. C'est pourquoi, aux yeux d'Ellul, il paraît impossible de concevoir une éthique technicienne indéniable qui ressortirait d'un agissement humain, parce que l'évolution des techno-sciences n'est pas statique. De ce fait, rien de plus normal que de faire un feed-back vers l'origine. C'est en ce sens qu'Ellul propose de revenir à la source du christianisme, pour se libérer de l'implacable logique technicienne. Car, la Technique est cette exaltation de la praxis qui recouvre la totalité de la vie des hommes, assujettis aux exigences d'une croissance technique exponentielle, incontrôlable, aveugle et dévastatrice. Ce retour est caractérisé par un supplément d'âme vis-à-vis de l'homme face à la Technique, c'est-à-dire opposé à l'efficacité, à la toute-puissance l'éthique de la non-puissance qui reste l'élément caractéristique de l'éthique chrétienne.

Conclusion

Au moment où semble s'arrêter notre marche sur ce questionné, à savoir le rapport entre écologie et société, il importe de retenir que, si l'on n'y prend garde, l'action de l'homme sur l'environnement, à travers les techno-sciences, est entrain de compromettre dangereusement son existence sociétale ; à telle enseigne que, même les générations futures sont menacées. Aussi disons-nous, pour perpétuer une gestion rationnelle de l'environnement par l'homme, il est impérieux d'avoir un comportement éco-citoyen, qui renvoie à une éthique prévisionnelle qui permettra à l'homme d'avoir un habiter authentique, voire une existence bienheureuse. Il convient de souligner que, l'homme doit prendre soin de la nature comme il prend soin de son corps, dans la mesure où les deux (homme et nature) sont liés comme le recto-verso d'une feuille. On ne saurait parler de l'un sans l'autre, car l'homme vit dans la nature et est un élément de la nature. À ce titre, il a un rôle fondamental à jouer dans la sauvegarde de la nature, en utilisant rationnellement les ressources naturelles, afin de garantir la succession des générations futures dont il a la charge.

Références bibliographiques

ARMENGAUD, Françoise (2014), ''*Anthropomorphisme*'', Encyclopédie Universalis, in http://www.bibliodroitsanimaux.voila.net/armengaudanthropomorphisme.html, consulté le17 Septembre 2018 à 20h.

CATHERINE et RAPHAËL Larrère (1997), *Du bon usage de la nature. Pour une philosophie de l'environnement*, Paris, Aubier.

CIFALI, Mireille (1994), « Au jour le jour : Technique, Humanisme et Éthique », in *Contre-jour-psychanalytique*, Paris, P.U.F.

DESCARTES, René (1966), *Discours de la méthode*, Paris, Garnier Flammarion.

DIAKITE, Sidiki (1985), *Violence technologique et développement,* Paris, L'Harmattan.
ELLUL, Jacques (1977), *Le système technicien*, Paris, Calmann-Lévy.
ELLUL, Jacques (1988), *Le bluff technologie*, Paris, Hachette.
ELLUL, Jacques (1994), *Exégèse des nouveaux lieux communs*, réédition, Paris, La Table ronde.
ELLUL, Jacques (2014), *Théologie et Technique. Pour une éthique de la non-puissance*, Textes édités par Yves Ellul et Frédéric Rognon, Paris, P.U.F.
FOURIER, Charles (1936), *La fausse industrie morcelée, répugnante, mensongère et l'antidote, l'industrie naturelle, combinée, attrayante, véridique, donnant quadruple produit et perfection extrême en toutes qualités*, Paris, Bossange Père.
GILLY, F-N (2001), *Éthique et génétique,* Paris, Ellipses.
Goffi, Jean-Yves (1988), *La philosophie de la Technique, Que sais-je,* Paris, PUF.
HABERMAS, Jürgen (1973), *La Technique et la science comme « idéologie »,* trad., fr. Jean-René Ladmiral, Paris, Gallimard.
HEIDEGGER, Martin (1958), *Essais et Conférences*, trad., André Préau, Paris, Gallimard.
HEIDEGGER, Martin (1962), *Chemins qui ne mènent nulle part*, traduit par Wolfgang Brohmeiner, Paris, Gallimard.
HIPPOLYTE DE ROME (1988), *Réfutation de toutes les hérésies,* Trad. A. Siouville, Milan, Arche.
HOTTOIS, Gilbert (1990), *Le paradigme bioéthique. Une éthique pour la technoscience*, Bruxelles, de Boeck Université.
JANCOVICI, Jean-Marc, (2002), *L'avenir climatique : quel temps ferons-nous ?*, Paris, Seuil.
JEZEQUEL, Jean-Pierre (2008), « *Jacques Ellul ou l'impasse de la Technique* », in http://www. Journaldumauss.net/spip.php le 23/03/2018.
JONAS, Hans (1991), *Le Principe Responsabilité*, traduit par Jean Greisch, Paris, Cerf.
JÜNGER, Ernst (1989), *Le travailleur*, traduit par Julien Hervier, Paris, Christian Bourgeois.
MARCUSE, Herbert (1968), *L'homme unidimensionnel,* Paris, Édition De Minuit.
MORIN, Edgar (1990), *Science avec conscience,* Paris, Seuil.
PELT, Jean-Marie (2008), *Nature et spiritualité,* Paris, Fayard.

PELT, Jean-Marie (2010), *Quelle écologie pour demain ?* Paris, L'esprit du Temps.
VAYSSE, Jean-Marie (2006), *Technique, monde, individuation Heidegger, Simondon, Deleuze*, New York.

Table des matières

Remerciements 11

Yapi Ignace Ayenon et **Marcel Nguimbi**
Avant-propos 13

Akue Adotevi Mawusse Kpakpo
La critique des ethnosciences chez Y. Akakpo : le tournant historiciste dans l'étude des sciences d'Afrique 21

Agbavon Tiasvi Yao Raoul
Le déterminisme de la bioéthique en Afrique : approches à partir de Claude Bernard 41

Brou Stevens Gbaley Bernaud
Science et anarchisme dans les pays africains : épistémologie d'un développement mort-né 57

Compaoré Alexis
Définition d'un cadre éthique à l'émergence scientifique en Afrique : le principe déviance 73

Ekpo Kouadio Victorien
Citoyenneté et bioéthique en Afrique 85

Kouvon Komi et **Ali Yaou Gagnon**
Technoscience, risque transcendantal et éthique de l'espèce humaine 103

Makaya Makaya Rodrigue
L'éthique kantienne à l'épreuve du débat sur la bioéthique : le cas de l'euthanasie 121

Martin Fortuné Mukendji Mbandakulu
Bioéthique et difficultés d'application des prouesses biotechnologiques en Afrique.......137

N'Doua Kouassi Clément
Écologie et société : vers une relation éthique entre l'homme et son environnement.......171

Structures éditoriales du groupe L'Harmattan

L'Harmattan Italie
Via degli Artisti, 15
10124 Torino
harmattan.italia@gmail.com

L'Harmattan Hongrie
Kossuth l. u. 14-16.
1053 Budapest
harmattan@harmattan.hu

L'Harmattan Sénégal
10 VDN en face Mermoz
BP 45034 Dakar-Fann
senharmattan@gmail.com

L'Harmattan Cameroun
TSINGA/FECAFOOT
BP 11486 Yaoundé
inkoukam@gmail.com

L'Harmattan Burkina Faso
Achille Somé – tengnule@hotmail.fr

L'Harmattan Guinée
Almamya, rue KA 028 OKB Agency
BP 3470 Conakry
harmattanguinee@yahoo.fr

L'Harmattan RDC
185, avenue Nyangwe
Commune de Lingwala – Kinshasa
matangilamusadila@yahoo.fr

L'Harmattan Congo
67, boulevard Denis-Sassou-N'Guesso
BP 2874 Brazzaville
harmattan.congo@yahoo.fr

L'Harmattan Mali
Sirakoro-Meguetana V31
Bamako
syllaka@yahoo.fr

L'Harmattan Togo
Djidjole – Lomé
Maison Amela
face EPP BATOME
ddamela@aol.com

L'Harmattan Côte d'Ivoire
Résidence Karl – Cité des Arts
Abidjan-Cocody
03 BP 1588 Abidjan
espace_harmattan.ci@hotmail.fr

L'Harmattan Algérie
22, rue Moulay-Mohamed
31000 Oran
info2@harmattan-algerie.com

L'Harmattan Maroc
5, rue Ferrane-Kouicha, Talaâ-Elkbira
Chrableyine, Fès-Médine
30000 Fès
harmattan.maroc@gmail.com

Nos librairies en France

Librairie internationale
16, rue des Écoles – 75005 Paris
librairie.internationale@harmattan.fr
01 40 46 79 11
www.librairieharmattan.com

Librairie l'Espace Harmattan
21 bis, rue des Écoles – 75005 paris
librairie.espace@harmattan.fr
01 43 29 49 42

Lib. sciences humaines & histoire
21, rue des Écoles – 75005 paris
librairie.sh@harmattan.fr
01 46 34 13 71
www.librairieharmattansh.com

Lib. Méditerranée & Moyen-Orient
7, rue des Carmes – 75005 Paris
librairie.mediterranee@harmattan.fr
01 43 29 71 15

Librairie Le Lucernaire
53, rue Notre-Dame-des-Champs – 75006 Paris
librairie@lucernaire.fr
01 42 22 67 13

www.ingramcontent.com/pod-product-compliance
Lightning Source LLC
LaVergne TN
LVHW010946061026
849535LV00007B/2592